新时代乡村振兴丛书

何业华◎主编

三华李
优质丰产栽培技术

南方传媒　广东科技出版社
全国优秀出版社
·广州·

图书在版编目（CIP）数据

三华李优质丰产栽培技术 / 何业华主编. —广州：
广东科技出版社，2024.5
（新时代乡村振兴丛书）
ISBN 978-7-5359-8191-2

Ⅰ.①三… Ⅱ.①何… Ⅲ.①李—果树园艺—图解
Ⅳ.①S662.3-64

中国国家版本馆CIP数据核字（2023）第235023号

三华李优质丰产栽培技术
Sanhuali Youzhi Fengchan Zaipei Jishu

出 版 人：严奉强
责任编辑：尉义明
封面设计：柳国雄
责任校对：曾乐慧　李云柯
责任印制：彭海波
出版发行：广东科技出版社
　　　　　（广州市环市东路水荫路11号　邮政编码：510075）
销售热线：020-37607413
https://www.gdstp.com.cn
E-mail：gdkjbw@nfcb.com.cn
经　　销：广东新华发行集团股份有限公司
排　　版：创溢文化
印　　刷：广州市东盛彩印有限公司
　　　　　（广州市增城区太平洋工业区太平十路2号　邮政编码：510700）
规　　格：889 mm×1 194 mm　1/32　印张4.5　字数120千
版　　次：2024年5月第1版
　　　　　2024年5月第1次印刷
定　　价：30.00元

《三华李优质丰产栽培技术》
编委会

主　　编：何业华

副 主 编：杨向晖　陈长明　曾祥有

参　　编：曹　征　赵　汴　刘朝阳

　　　　　冯淑杰　赵　宇　李　勇

组织单位：茂名市农业科技推广中心

李（*Prunus salicina* Lindl.）泛指蔷薇科李属植物，是世界主要核果类果树之一，栽培历史悠久，食用部分为中外果皮。其果实饱满圆润、色泽艳丽、酸甜可口、皮薄多汁，富含多种维生素、有机酸和矿物质等营养成分。李果不仅是我国传统夏令佳果，也是加工的重要原料，可加工成多种食品。

针对三华李（*Prunus salicina* 'San Hua'）产业发展情况，课题组深入分析研究产业发展存在的主要困难和短板，稳步推进三华李规模化、标准化、产业化发展，制订优质丰产栽培措施，促进产业振兴、农业提效、农民增收，以"李"量赋能乡村振兴。我们编写本书，旨在以技术带动产业发展，以技术提升管理水平，以技术助力乡村振兴。全书共九章，图文并茂阐述了三华李生产情况、主栽新品种、生物学特性、建园与定植、嫁接与修剪、成年树管理、病虫害防治等方面综合栽培技术，理论结合实践，可供一线果农和生产者参考使用。

本书在编写过程中得到了华南农业大学园艺学院、经济管理学院，广东省农业科学院，茂名市农业科技推广中心等单位的领导和专家的大力支持，在此表示衷心的感谢和崇高的敬意。

由于编写水平所限，成稿时间仓促，书中难免有不足之处，敬请广大读者批评指正，提供宝贵意见和建议，以便作者及时修正。

编　者
2024年1月

目 录

第一章
生 产 概 述

一、生产栽培状况

我国是世界上主要的李产区，面积、产量分别约占全世界的60%和50%。我国的主栽种类为中国李（*Prunus salicina* Lindl.），已有3 000多年栽培历史。

据中国园艺学会李杏分会统计，我国目前李栽培面积约有42万公顷、年产量约220万吨。其中产业规模最大的是广东，现有栽培面积约7.6万公顷，年产量约80万吨；其次分别是广西、福建、河北、辽宁、贵州、重庆、四川等。

李的适应性强，广泛分布于全国各地。据考察，我国李的主栽种（中国李），实际栽培的北界纬度为富锦（47°15′）—鹤岗（47°20′）—伊春（47°40′）—海伦（47°26′）—依安（47°50′）—齐齐哈尔（47°20′）—林东（44°）—临河（41°）—哈密（42°50′）—奎屯（44°35′）—塔城（46°45′）。我国李树经济栽培的南界实际上与当地的冬季温度、品种及海拔等有关。在广东，三月李、串珠李等需冷量低的早熟品种在冬季无7.2℃以下低温的地区也能正常开花结实，其适宜的经济栽培地理界限大致是茂名市云开山脉南麓（22°11′）—广州黄埔区（23°02′）—惠州博罗县（23°03′）和惠东县（22°32′）—汕尾海丰县（22°37′）；而三华李类品种则须在冬季有7.2℃以下低温200小时以上的地区才能正常开花结实，因此，在北回归线以南地区栽培三华李，须选择海拔300米以上的山区。在珠三角及粤西的低海拔地区种植李树时，其生长、开花、结果、休眠等物候期紊乱，生长势较弱，产量低，品质差，寿命短，没有经济栽培价值。据多年观察，在广州天河区华南农业大学李园，遇暖冬（≤7.2℃时间在50小时以下）时，只有三月李能正常开花，其他品种都因出现成花逆转而不开花。一般认为，从10℃积温7 000℃等值线至上述北界之间，为我国李树适宜栽植地区，具体产区为河北、河南、山东、安徽、山西、江苏、湖北、湖南、江西、浙江、贵州、重庆、四川、广东、广西、福建、辽宁、黑龙江等。

（一）栽培面积

2000年以后，广东省成规模的李园面积一直保持在6万公顷左右，位居全国之首，栽培面积仅位于荔枝、龙眼、柑橘和香蕉之后。加上零星栽培而未统计在内的散生树，目前广东全省三华李总栽培面积约7.6万公顷，仅信宜的三华李栽培面积就有1.7万公顷。

2021年，广东省规模化的李园面积5.565万公顷（《2022广东农村统计年鉴》）。据广东省统计局统计，1992年，规模化的李园面积（下同）为2.574万公顷，其后受益于政府的扶贫开发和绿化荒山政策的支持，政府免费提供苗木，使全省李栽培面积不断增加，2002年达5.888万公顷，2005年更是达6.17万公顷。随着全省绿化工作的完成和扶贫政策的调整，从"十一五"（即2006年）开始，面积逐渐趋于稳定，原有的少量低产果园（主要是早熟品种）被淘汰，面积略有下降，但果园质量在不断提高，结构更加合理，2012年，规模化李园总面积5.476万公顷（图1-1）。

信宜市钱排镇是广东省三华李栽培面积最大的镇，2021年，三华李种植面积0.72万公顷，占耕地面积88%，2012年6月17日，一颗重102克的极品"银妃"三华李曾拍出19.8万元人民币。全镇有90%的农户种植三华李，种植三华李的人均纯收入占农民总纯收入的75%，三华李产业已成为该镇经济发展的一项主导产业。

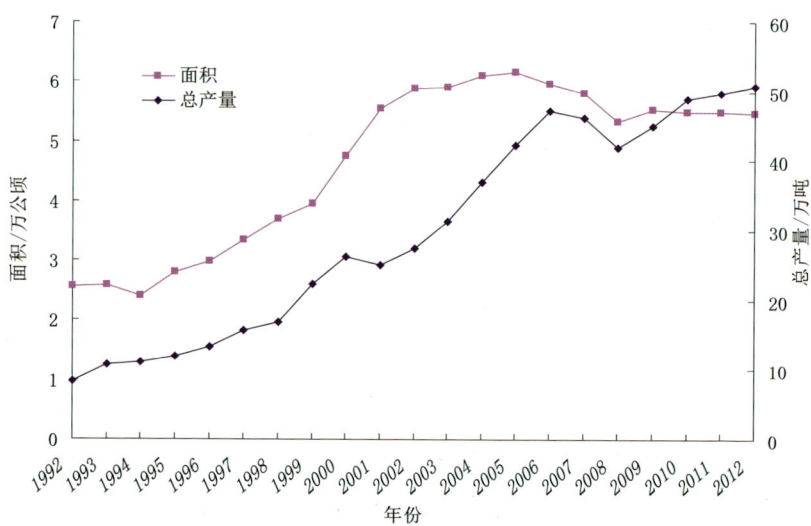

图1-1 1992—2012年广东省规模化李园面积和总产量的变化

2021年全省统计规模化李园面积和总产量比2012年都有所增加（表1-1、图1-2）。李园面积前5位地级市分别是茂名、韶关、河源、梅州、广州。规模化李园面积最大的是信宜（20 366公顷），面积超过1 200公顷的有紫金（3 195公顷）、乐昌（2 598公顷）、从化（2 457公顷）、新丰（2 091公顷）、龙川（1 534公顷）、南雄（1 485公顷）、连平（1 370公顷）、梅县（1 643公顷）、阳春（1 258公顷）、始兴（1 244公顷）。

表1-1 广东省各地市规模化李园面积和总产量明细

地区	2012年		2021年	
	面积/公顷	总产量/吨	面积/公顷	总产量/吨
广州市	2 762	9 853	2 529	19 861
韶关市	8 546	93 940	9 054	144 092
河源市	10 041	90 811	7 467	110 663
梅州市	6 432	75 395	5 895	93 528

续表

地区	2012年		2021年	
	面积/公顷	总产量/吨	面积/公顷	总产量/吨
汕尾市	1 678	11 099	1 484	15 067
阳江市	1 334	6 534	1 273	6 847
茂名市	15 201	146 436	20 456	306 472
肇庆市	1 906	20 872	1 856	32 465
清远市	2 337	13 739	1 836	22 493
揭阳市	2 359	19 483	2 240	36 311
云浮市	1 246	11 695	601	7 714
惠州市	702	5 594	768	6 379
潮州市	120	1 385	48	736
湛江市	36	263	28	323
汕头市	35	457	34	655
佛山市	12	69	—	4
深圳市	3	25	62	2 612
江门市	9	28	17	85
珠海市	0	0	—	2
东莞市	0	0	3	—
中山市	0	0	—	2
合计	54 759	507 678	55 650	806 311

（二）产量

2021年广东省李总产量80.631 1万吨（《2022广东农村统计年鉴》）。近30年，总产量和单位面积产量均呈稳步上升趋势（图1-2），居全国首位。

图1-2　广东省李历年产量变化情况（1992—2021）

李开花早，花期遇霜冻才会减产甚至绝收，但除粤北个别山区外，珠三角地区、粤西地区一般不会出现花期霜害，这也是广东李高产的直接原因。

据《广东农村统计年鉴》，1992年，广东省李产量为8.32万吨，其后产量大幅度上升，1999年突破20万吨（达22.39万吨），2003年突破30万吨（达31.32万吨），2005年突破40万吨（达42.29万吨），2012年突破50万吨，2018年已突破70万吨，2022年为82万吨。

（三）树龄结构

在一般管理条件下，在华南地区李嫁接树（桃砧）寿命在35年左右，管理水平高的李树寿命可达40年。目前，广东省李幼树（1～5年生）、盛果期李树（6～30年生）、衰老期树（大于30年生）所占比例分别是10%、80%、10%，树龄结构基本合理，每年新植的果园和淘汰的老果园面积基本相当，使全省李栽培面积基本稳定。

（四）主要分布区域

虽然广东21个地级市都有李栽培，但李品种的成花要求一定的需冷量，成规模的经济栽培区主要还是集中在北回归线以北和位于北回归线以南的粤西云雾山脉海拔400米以上的高山区（图1-3）。

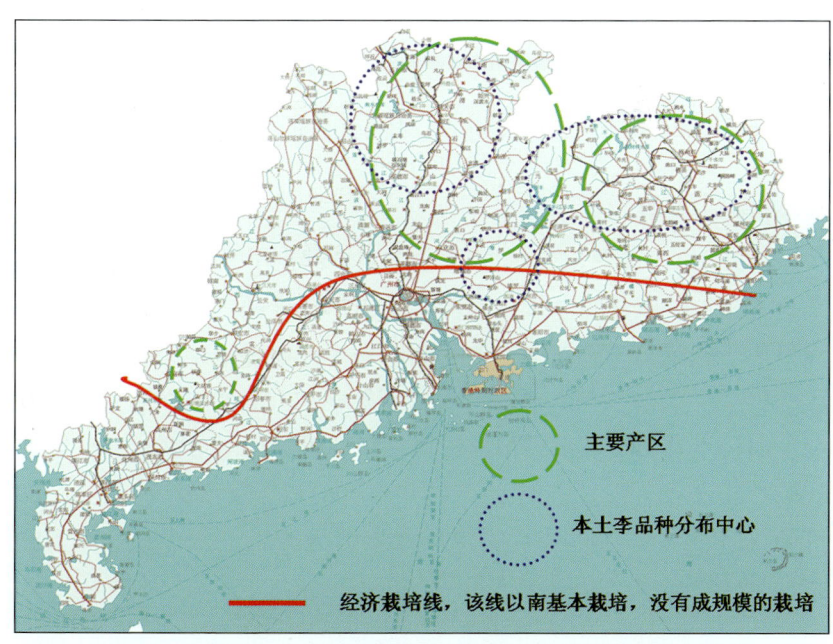

图1-3 广东李中心产区、本土品种起源中心和经济栽培区分布

各地级市李园面积在全省李园总面积中所占的比重见图1-4。其中，茂名、韶关、河源和梅州分别占36.75%、16.26%、13.41%和10.59%，4市合计占全省李园栽培面积77.01%。

广东省李栽培中心区主要有3个（图1-3）。

（1）粤北栽培中心：新丰、乐昌、从化、连平、连州、南雄、乳源、翁源等。

（2）粤东栽培中心：紫金、梅县、龙川、东源、平远、兴宁、和平等。

（3）粤西栽培中心：信宜和阳春。

广东本土的李地方品种原产中心有3个（图1-3）。

（1）位于南岭山脉（包括滑石山、瑶山、大东山等）的原产中心，是三华李类、竹丝李（南华李）类、红线李、大黄李、黄串李、红串李等农家品种的原产地，资源丰富，仍有上百年的农家品种实生老树，以及半野生和野生类型。

（2）位于罗浮山南麓的原产中心，是三月李（又称早食李、早李）、串珠李、四月李等耐热品种的原产地，这些品种的特点为需冷量低、早熟、果小。

（3）位于莲花山脉的原产中心，是铜盘早李（又称三月李，产地丰顺）、铜盘晚李（又称四月李，产地丰顺）、慢鸡心（产地饶平）、红鸡心（产地饶平）、鸡心李（产地饶平）、大红李（产地普宁）、奈李（产地平远、梅县、普宁等）等的原产地，品种较多，但每个品种的栽培面积都很小，防止资源消失是当务之急。

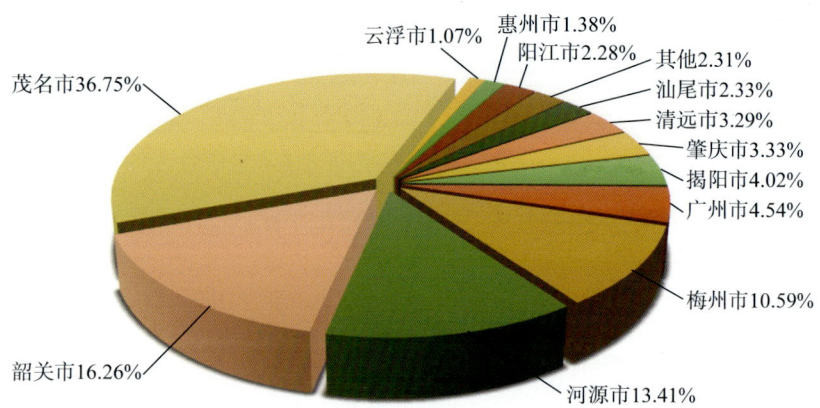

图1-4　广东各地级市李栽培面积在全省李总栽培面积中所占的比重

二、经 济 价 值

（一）营养价值

李的果实有着丰富的营养物质，是优良的鲜食水果。每100克鲜果肉中，含水分82～92克、总糖7～17克、有机酸0.16～1.5克、蛋白质0.5～0.7克、脂肪0.2～0.6克、钙17毫克、磷20毫克、铁0.5毫克。此外，还含有维生素A 0.11毫克、维生素B_1（硫胺素）0.01毫克、维生素B_2（核黄素）0.02毫克、维生素P（尼克酸）0.3毫克、维生素C（抗坏血酸）2～11毫克等。

（二）药用价值

李植物体的各部分都有药用价值。据《本草纲目》《医林纂要》《本草求真》等经典中医古籍记载，李果味甘、酸，性寒，清热、利水、消食积。李的核仁味苦、性平，有活血利水、滑肠的功效，内用治消化不良、牙龈出血、慢性咽喉炎、肝硬化、便秘；外用可消疮痈肿毒、湿疹、瘙痒、瘀血和虫蝎蜇伤，并有止痛的功效。李花可消除面部粉刺，使之光泽。李叶主治小儿壮热、惊痫。李根皮煎水，含漱可治齿痛。李的树胶能治目翳，有止痛、消肿的功能。李汁饮料可预防中暑。李干为醒酒和解渴镇呕的佳物，国外亦采用李干作为缓泻剂。

（三）加工价值

广东是全国凉果加工业中心，年加工能力1 000吨以上企业有300家以上，主要分布在潮汕地区，其次是珠三角和云浮。据统计，全国有80%以上的凉果（含果脯、蜜饯）产自广东。

李是凉果加工的主要原料之一，广东约有30%李果在青熟期采收后用于制凉果，2013年原料收购价为3～4元/千克。加工产品种类多，出口产品出厂价100～120元/千克，内销产品出厂价40～80元/千克，经济效益良好。但受人工费上涨和国家对食品安全监督趋严的影响，小作坊逐渐消失，规模大、自动化程度高的企业发展空间增大。

李的果实还适宜加工成许多美味食品，如李干、蜜饯、罐头、果酱、果酒、果汁等。李的花和叶富有观赏价值，同时也能与梅和杏相互授粉杂交。茂名信宜市、广州从化区、贺州八步区等李产区的李花节正值春节前后，对自然的向往，也让这些地方成为人们节日休闲重要的旅游景点。

第二章
主要品种介绍

一、品 系 分 类

2001年开始，华南农业大学园艺学院连续22年对广东省李种质资源开展系列研究表明，广东原产的本土品种共有26个，按果皮果肉的颜色分为红皮红肉类、红皮黄肉类和绿黄皮白黄肉类三大类。

（一）红皮红肉类

它们基本属于三华李类，约占广东省李栽培面积的80%。仅个别品种不属于三华李类，但资源极少。

三华李是我国南亚热带地区著名的品种群，在广东、广西的栽培面积中占75%左右，云南西双版纳地区也有6 700公顷以上的引种栽培。三华李原产广东省翁源县龙仙镇三华村一带，从明朝嘉靖年间开始种植，有近500年栽培历史，享有很高声誉，有"岭南夏令果王"的称号。由于其品质佳和适合华南地区气候，逐步扩展到我国整个南亚热带地区。三华李是一个古老的地方品种群体，变异较丰富，不断有新的品种培育成功。

1. 新选育品种5个

均为华南农业大学选育，有华蜜大蜜李（2009年2月审定）、白脆鸡麻李（2009年2月审定）、瑶山李（2014年1月审定）、云开1号三华李（2015年3月审定）、兴华三华李（2019年6月审定）。

2. 农家品种6个

从化三华李、红线李（产地韶关）、大蜜李、小蜜李、鸡麻李、硬枝李（或称腌制李、胭脂李）。

3. 非三华李类型

猪血李（产地信宜）等。

三华李类品种的共同特点：树势强健，萌芽率高，成枝力强。果实椭圆形，腹缝线浅而明显，充分成熟后果皮底色为红色、有许多黄色小斑点、果粉较多，单果重20～60克。果肉红色，纤维少，汁多，酸甜爽口，有香气。2月初开花，花期约20天。果实成熟期在6月中下旬，果实发育期约135天，在广东属中晚熟品种。抗病性强，高产稳产，是典型的南亚热带中国李品种。适合年平均温度19～21℃的地区，不耐寒，在南岭以北（年平均温度低于19℃）地区花期0℃以下会产生冻害；需冷量在200～600小时（7.2℃以下的累计时间），在北回归线以南海拔300米以下的地区成花较差、开花混乱。

（二）红皮黄肉类

有11个品种，约占广东省李栽培面积的15%。该类品种按成熟期可分为三小类。

1. 特早熟品种

早食李（又称三月李、铜盘早李）、四月李（又称铜盘晚李）、串珠李、珍珠李（产地信宜）等，共同特点是果小、早熟（4月中旬—5月上旬成熟）。它们需冷量要求较低，在北回归线以南低海拔地区都可栽培，中国海南、越南等热带地区可引种栽培。

2. 中熟品种

野生李（产地乳源）、红串李（产地乳源）、学佬李（产地兴宁）、慢鸡心（产地饶平）、红鸡心（产地饶平）、鸡心李（产地饶平）等。

3. 晚熟品种

大红李（产地普宁）。

以上11个品种中，栽培面积最大的早食李，总面积有9 000公顷，约占全省栽培面积的15%。其他品种呈零星栽培，面积一般在

1～30公顷。

（三）绿黄皮白黄肉类

有7个品种，约占广东省李栽培面积的5%。

1. 新选育品种1个

岭溪李（2014年1月审定）。

2. 农家品种

大黄李（产地乳源）、黄串李（产地乳源）、黄沙李（产地东源）、竹丝李（也称南华李、含正竹丝、水竹丝，产地韶关）、奈李（产地韶关）、青李（产地普宁）等。

绿黄皮白黄肉类品种成熟期都在6月下旬—7月中旬。其中奈李在粤北山区栽培面积约3 000公顷，而以竹丝李、岭溪李品质好，但果皮薄，易裂果。

（四）引进品种

华南农业大学等单位先后引种了30个以上外省和外国（日本、美国和欧洲）品种，主要种植在粤北山区。由于受气候差异的影响，早衰现象严重，基本没有能保留5年以上的果园。

二、主要栽培品种

（一）华蜜大蜜李

简称"华蜜"或"大蜜李"，2003年华南农业大学与翁源县农业技术推广中心在翁源县龙仙镇三华村发现的三华李芽变，当时母株树龄约35年生嫁接树。2009年2月，通过广东省农作物品种审定委员会审定（审定编号：粤审果2009003，图2-1）。

图2-1 华蜜大蜜李

树姿开张，树冠圆头形或半圆形，主干粗糙，树皮纵裂，灰褐色。枝条较密，多年生枝褐色，1年生枝黄绿色，光滑无毛，节间长1.43厘米，叶片倒阔卵圆形，基部楔形，先端渐尖；叶长7.16厘米，叶宽2.49厘米，叶柄长1.01厘米，叶缘整齐，单锯齿，锐、浅。

果实重44～60克，单果重51.5克，最大果重85.2克；平均纵径46毫米，平均横径48.2毫米；果实近圆形，果顶圆平，缝合线浅而明显，缝合线两侧果肉较对称；梗洼深度和宽度中等；果皮密布褐色斑点，底色为黄绿色，随着成熟度增加，逐渐出现红色晕并逐渐加深，果皮薄，有少量白色果粉；果肉暗红色，肉质软溶，纤维少，汁多，风味甜多微酸，香气浓；黏核，果核较小，椭圆形；可溶性固形物含量9%～11%，可溶性总糖含量8.49%，可滴定酸含量1.1%，品质上等，但不耐贮运。

树势强健，萌芽率高，成枝力强，7年生干径13.8厘米。以短果枝和花束状果枝结果为主，丰产性强，栽后第2年即开始结果，5

年生后大量结果，8年生树单株产量100千克，最高可达200千克，稳产。但果实成熟期遇雨落果、裂果严重。

在广州2月初始花，花期约20天。果实成熟期在6月中下旬，果实发育期约130天，属较早熟三华李类型。

该品种果大，酸甜味浓，肉质软溶，汁液多，丰产稳产，综合性状好。但红熟后果肉易软、较难贮藏。

（二）白脆鸡麻李

简称"白脆"或"鸡麻李"，2003年华南农业大学与翁源县农业技术推广中心在翁源县龙仙镇三华村发现的三华李芽变，当时母株树龄约36年生嫁接树。2009年2月，通过广东省农作物品种审定委员会审定（审定编号：粤审果2009004，图2-2）。

图2-2　白脆鸡麻李

树势强健，树姿开张，树冠半圆形，树干及多年生枝有纵裂，粗糙。1年生枝黄绿色，节间长1.65厘米，光滑；叶片倒阔卵圆形，基部楔形，先端渐尖，叶长7.47厘米，叶宽2.99厘米，叶柄长1.1厘米，主脉黄绿色；叶缘整齐，单锯齿，锐、浅。

果实重44～62克，单果重52.7克，最大果重92.1克；平均果实纵径45.2毫米，横径49.9毫米；果实椭圆形，果顶部靠缝合线一侧常凸出，缝合线浅，缝合线两侧果肉不对称；梗洼深度和宽度中等；果皮黄绿色，密布褐色斑点，被少量白色果粉；成熟时果肉浅红色，肉质脆嫩，纤维少，汁多，风味甜，无苦涩味；黏核，核中等大小，椭圆形；果实可溶性固形物含量9.3%，可溶性总糖含量6.88%，可滴定酸含量0.98%；裂果或落果少，品质上等，丰产性强。较耐贮运，一般冷藏条件下，可贮放15天左右，常温下可贮放7天左右。

成枝力强，萌芽力强，树形开张，枝条较密，7年生树冠可达5米×6.5米，树高5.5米，干径14.7厘米。以短果枝和花束状果枝结果为主，定植后第2年开始结果，5年大量结果，8年生树单株产量80千克，最高可达150千克，稳产。

在广州2月初开花，花期约20天。果实成熟期6月下旬—7月初，果实发育期135天左右，在三华李中属晚熟类型。

该类型果实大，较均匀，皮无残留涩味，肉质淡红脆嫩，酸甜可口，丰产性较好，综合性状优良，是三华李中稀少的白肉类型，抗病性强，晚熟，在雨季落果和裂果稍多，值得大面积推广。

（三）岭溪李

又称"竹丝李"，2003年华南农业大学和乳源县农业局在乳源县乳城镇岭溪村岭头李园发现的竹丝李芽变，当时母株树龄约40年生根蘖树。2014年1月，通过广东省农作物品种审定委员会审定（审定编号：粤审果2014004，图2-3）。

图2-3　岭溪李

　　树姿较开张，树冠圆头形，树姿直立，自然状态下树高可达8米。主干褐色或暗灰色，树皮纵裂，枝条密度大，多年生枝褐色，1年生枝直立，阳面红褐色，背面灰褐色，光滑，无毛，有光泽，皮孔小，不明显，节间长1.2厘米，无刺。叶色浓绿，叶片长椭圆形至倒卵状披针形，基部楔形，先端渐尖；叶片长8.1厘米，宽2.7厘米；叶柄长0.6厘米；叶色较浓绿，主脉黄色，侧脉明显，6～8对，下陷；叶柄黄绿色；叶缘复锯齿，浅、细，叶背面无茸毛。花瓣5，白色，每个花芽有花1～2朵，花冠直径2～2.3厘米。

　　单果重31.7克，最大果重46.2克；平均纵径32.1毫米，平均横径40.3毫米；果实近扁圆形，果顶微凹，果缝合线浅，缝合线两侧对称；梗洼深度和宽度中等；果皮底色为绿色，随着成熟度增加，逐渐变浅黄，果皮薄，有少量白色果粉和密布白色斑点；成熟时果肉由淡绿色逐渐转为淡黄色，绿熟时脆爽，黄熟时柔软多汁，纤维少，风味甜微酸，清香浓郁；离核，果核小，重约0.8克，扁椭圆形；品质上等。

树势较强，萌芽率较高（46%），成枝率中等（11%）。成年树每年抽一次梢，幼树每年抽3～4次梢。以短果枝和花束状果枝结果为主，短果枝占坐果量的85%，花束状果枝占坐果量10%。丰产性强，栽后第2年即开始结果，根蘖苗4年生结果，5～6年生进入盛果期，7年生树单株产量55千克（折合每平方米树冠投影面积4.4千克）以上，稳产。但果皮较薄，果实成熟时若遇连续强降水天气易裂果。

（四）瑶山李

又称"香蕉李"，2003年华南农业大学和乳源县农业局在乳源县乳城镇岭溪村岭头李园发现的三华李芽变，当时母株树龄约28年生嫁接树。2014年1月，通过广东省农作物品种审定委员会审定（审定编号：粤审果2014005，图2-4）。

生长势中等，分枝角度较大，树姿开张，树冠常为圆头形，树高7米。主干粗糙，树皮不规则开裂，灰褐色。枝条较密，多年生枝褐色，1年生枝黄绿色，光滑无毛，节间长1.57厘米。叶色淡绿，叶片长椭圆形，基部楔形，先端渐尖；叶长7.12厘米，叶宽2.35厘米，叶柄长1.03厘米，叶缘整齐，单锯齿，锐、浅。花瓣5，白色，每个花芽有花1～2朵。

单果重46.1克；果实近圆形，果顶微凹，果缝合线深，缝合线两侧在果柄端稍不对称；梗洼深和宽度中等；果皮底色为黄色，随着成熟度增加，红晕逐渐显著，间有淡黄色斑点，果皮较薄，有少量白色果粉；果肉红色，纤维中，汁多，果肉甜酸，充分成熟时

肉质软，并有较浓郁的香气；黏核，果核小，重约0.8克，扁椭圆形；可溶性固形物含量11.1%，可溶性总糖含量9.53%，可滴定酸含量0.68%，糖酸比14.01，品质上等。

树势较强，成枝力中等。成年树以短果枝和花束状果枝为结果枝，其中短果枝占坐果量76%，花束状果枝占坐果量24%，丰产性强，栽后第2年即开始结果，5年生后大量结果，7年生树单株产量60千克，最高可达180千克，较稳产。

1—果蒂与果实不同切面；2—缝合线；3—坐果情况；4—果粉。

图2-4　瑶山李

嫁接苗2～3年生开始结果，5～6年生进入盛果期，经济寿命30余年。在乳源，1月20日现蕾，2月10日左右始花，2月底花谢，花期约20天。子房在花冠枯萎时开始膨大，6月中下旬随着果肉开始转红，果皮也逐渐退绿呈黄红色；果实成熟期在7月中旬软熟，果实发育期约130天，属中晚熟，也是三华李中最迟成熟的一个类型。2月下旬叶芽萌发，2月底新梢开始生长，12月上旬落叶。

要求年平均气温19～21℃，年降水量1 500～1 800毫米，无霜期280～320天的坡地栽培。在三华李中低温需求量较多（冬季≤7.2℃时间500～800小时）的品种，在乳源海拔200米以上地区栽培效果较好。

（五）云开1号三华李

简称"云开1号"，2004年华南农业大学和信宜市农业局在信宜市钱排镇池垌李园发现的竹丝李芽变，当时母株树龄约28年生嫁接树。2016年3月，通过广东省农作物品种审定委员会审定（审定编号：粤审果2016004，图2-5）。

分枝角度较大，树姿开张，自然状态下树冠常为圆头形。主干粗糙，树皮不规则开裂，灰褐色。枝条较密，多年生枝褐色，1年生枝黄绿色，光滑无毛，节间长1.57厘米。叶色淡绿，长椭圆形，基部楔形，先端渐尖；叶长7.08厘米，叶宽2.3厘米，叶柄长1.05厘米，叶缘整齐，单锯齿，浅。花瓣5，白色，每个花芽有花1～2朵。

果实近圆形，红色。果缝合线深，缝合线两侧在果柄端稍不对称；果顶微凹，具一条与缝合线垂直的宽纹；梗洼深和宽度中等；果皮较薄，成熟时红色，布有大量淡黄色斑点，并覆盖一层淡蓝色果粉；果肉红色，纤维少，汁多，果肉甜酸，充分成熟时肉质软溶，并有较浓郁的香气；离核，果核小，重约0.8克，扁椭圆形；单果重49.4～57.2克；果实可食率95.5%～96.9%，可溶性固形物含量11.2%～13.2%，总糖含量7.3%～8.1%，总酸含量1%～1.4%，风味浓厚，品质上等。

5厘米

1—4月下旬早花果和正季幼果；2—刚采收的成熟果；3—果实不同切面。

图2-5　云开1号三华李

嫁接苗2～3年生开始结果，5～6年生进入盛果期，经济寿命近40年。在信宜市钱排镇池垌村（海拔约250米），1月5日现蕾，1月25日左右始花，2月中旬花谢，花期约20天。子房在花冠枯萎时开始膨大，4月20日前后开始有部分早花果果皮和果肉开始转红而进入脆熟期，5月中旬大量进入红熟期，一直持续到6月中旬，是三华李中最早成熟且成熟时间持续最长的一个类型。

树势中等，成枝力中等。成年树以短果枝和花束状果枝为结果枝，其中短果枝坐果量占75%，花束状果枝坐果量占25%，丰产性强，栽后第2年即开始结果，5年生后大量结果，7年生树单株产量约60千克（折合每平方米树冠投影面积产量5.5千克），稳产。

在信宜海拔500米以下的中低山区2月上旬叶芽萌发，2月中旬新梢开始生长，12月上旬落叶；1月20日左右始花，2月中旬坐果，

4月下旬早花果开始转红，果实成熟期在5月上旬—6月中旬，采收期可达50天，属中熟李品种，是三华李中最早成熟的一个类型。

在三华李中属于低温需求较少的品种，在信宜海拔200米以上地区栽培效果较好。耐热性和抗病性较强。耐寒性较弱，在冬季有冰雪的地区会影响开花坐果。

该品种果色艳丽，果大，风味浓厚，成熟较早，丰产稳产，裂果少，耐热，是三华李品种群中优良的早熟品种。

（六）兴华三华李

兴华三华李是由华南农业大学园艺学院和兴宁市农业局2008年从兴宁市径南镇马山村硬枝三华李中选育出的芽变，当时母树为35年生。2018年6月，通过广东省农作物品种审定委员会办公室组织的现场鉴定（图2-6）。

生长势较强，分枝角度较小，树姿稍开张，树形较紧凑，自然状态下树冠常为圆头形。主干粗糙，树皮不规则开裂，灰褐色。多年生枝褐色，1年生枝稍直立，黄绿色，光滑无毛，皮孔密，节间长1.62厘米。叶色浓绿，质地较厚，宽椭圆形（新梢）至倒卵披针形（果枝），基部楔形，先端渐尖；叶长7.5厘米，叶宽4.4厘米，叶柄长1.06厘米，叶缘整齐，单锯齿，浅。叶基两侧各有蜜腺1个。花瓣5，白色，每个花芽有花1～3朵。

单果重约60克，最大果重76.3克；平均纵径4.5厘米，平均横径5厘米；果实近圆形，稍扁，果缝合线较浅，缝合线两侧在果柄端较对称；果顶平或微凹；梗洼深和宽度中等；充分成熟后果洼果皮上有多个环纹；果皮较薄，成熟时浅紫红色，布满大量淡黄色斑点，果粉较厚；果肉红色，纤维少，汁多，果肉酸甜；黏核，果核中等大小，扁卵形，重约1.1克；可溶性固形物含量9.1%，可滴定

酸含量1%，风味较浓厚，品质中上等。

3厘米

图2-6　兴华三华李

树势较强，成枝力较强。成年树以花束状果枝和短果枝为结果枝，其中花束状果枝坐果量占75%，短果枝坐果量占25%；春季嫁接苗第3年开始挂果（不移栽情况下）。丰产性强，1年生嫁接苗栽后第2年即开始结果，第3年即有经济收益，第5年开始大量结果，6年生树单株产量60～75千克，较稳产。

较适合于粤东、粤北山区气候。

（七）从早1号早李

简称"从早1号"，该品种是由华南农业大学园艺学院和广州市从化区农业技术推广中心2008年由从化区吕田镇早李中选育出的芽变。2020年12月，通过广东省农作物品种审定委员会评定（评定编号：粤评果20200010，图2-7）。

树势较强，枝密生，分枝角度较大，树形较开张。1年生枝红褐色，多年生枝为灰褐色。长新梢（25厘米以上）中上部叶片较大，倒卵状椭圆形；中短梢上的叶片较窄小，倒椭圆至倒椭圆状披针形；叶色淡绿。

果近球形，果顶圆，微凸，缝合线浅，缝合线两侧对称；完熟后果皮紫红色，有少量果粉和淡黄色斑点；果肉淡黄色，酸甜，脆；黏核，软熟时有香气；单果重18～28克，核重0.5～6克；可溶性固形物含量8.5%～10.5%，总糖含量5.5%～6.5%，可滴定酸含量1.5%～1.8%。成熟期4月下旬—5月中旬。

图2-7　从早1号早李

树势较强，该品种成花易、早熟、丰产稳产、果较大，鲜食加工兼用，适宜华南李产区种植。

（八）从化三华李

原产广州从化区，有200多年栽培历史。20世纪80—90年代大量发展荔枝、龙眼，使其栽培区逐步收缩到吕田、良口等山区镇。

单果重33.5克，最大果重42.08克；果实纵径36.23毫米，横径38.84毫米；果实椭圆形，果顶圆平，缝合线较浅，缝合线两侧果肉对称；梗洼深度和宽度中等；果皮底为黄绿色，着暗红色晕，被少量果粉；果肉暗红色，肉质硬脆，纤维稍多，汁液多，风味酸多甜少，有香气；半离核，果核中等大小，椭圆形；可溶性固形物含量7%，可溶性总糖含量8.84%，可滴定酸含量0.94%；裂果或落果少，品质中等，丰产性强（图2-8）。

2月初始花，花期约20天。果实成熟期在6月中下旬，果实发育期约145天，属晚熟品种。

4厘米　　　　　　5厘米

图2-8　从化三华李

从化三华李是三华李类品种中唯一能在北回归线附近低海拔（约100米）地区栽培的品种。该农家品种栽培历史悠久，华南农业大学近年调查发现有上罗三华李、灌村三华李、新南三华李、桂峰三华李、桃叶三华李等5个栽培类型，并选育一批优株。其果实中等大小，风味较酸，肉质硬脆，丰产性强，适合喜食酸味人群食用。

（九）三月李

又称"早李""早食李"，原产广州至惠州博罗县罗浮山一带，华南各地有栽培。近年已引种到越南、老挝北部山区栽培（图2-9）。

1厘米　　2厘米

图2-9　三月李

树姿为半开张，树冠为半圆形，主干粗糙，树皮为灰褐色。枝条较密，多年生枝为灰褐色，1年生枝为黄绿色，光滑无毛，节间长约1.02厘米。叶倒阔卵形，基部为楔形，先端渐尖，叶平伸，向下弯曲，叶尖下垂，叶黄绿色，有光泽，叶长4.93厘米，叶宽2.15厘米，叶柄长0.6厘米，叶缘整齐，单锯齿，锐、浅。花为总状花序，一个花芽有2～3朵花，为两性花；花瓣5，发育在叶前，花瓣白色，为椭圆形，少褶皱，无毛；花瓣长约9毫米，张开直径24～26毫米，花梗长11～14毫米，雄蕊数27～32，花丝长7～9毫米，雌蕊花柱长7～9毫米。

果实生长均匀，果形指数0.9，椭圆形，果顶圆，微凸，缝合线钝尖，缝合线两侧果肉较对称；梗洼深度和宽度浅；成熟度基本一致，果实较小，单果重19.55克，最大果重达23.93克；果实纵径29.81毫米，横径32.88毫米；果皮光滑，果实着色均匀，充分成熟时整个果面着紫红色，有光泽，有少量果粉，果皮薄；果肉纤维少，成熟果肉较软，风味酸多甜少，香气浓郁，汁液多，含水量89.76%；可溶性固形物含量10.1%，可滴定酸含量1.19%，还原糖含量4.13%，总糖含量为7.28%，单宁含量0.06%，维生素C含量4.09毫克/100克；果核长椭圆形，黏核，果核较小；果实可食率可达95.46%，品质中等，较耐贮运。

树势中庸，无中心干，3～4个主枝，每个主枝上有3～4个侧枝，成枝力弱，树形小，在一般管理条件下，5年生树，树高仅2.3米，冠径4米×4.2米，干周0.27米，干高0.45米。以短果枝和花束状果枝结果为主，坐果部位主要是树冠外围中上部。采前落果轻，无裂果现象。结果早，丰产性强，一般栽后2年开始结果，3～4年后进入盛果期，经济结果树龄30年左右。8年生树，单株平均产量为50千克左右，无大小年现象。

广州在1月10日左右始花，花期约20天。果实成熟期在4月28

日—5月10日，果实发育期75天左右，属特早熟品种。

抗病性强，在丘陵和山地条件下生长良好，未发生严重病害。因成熟期较早，避开了多雨季节，避免因雨水而造成裂果落果问题，栽培适应性强。

需冷量低，成熟早，丰产性强，能有效避开小食蝇危害，红熟后酸甜，适合喜酸味的人群食用。

（十）红线李

红线李为三华李果肉颜色突变类型，成熟时通常仅缝合线处果肉为红色，其他处的果肉黄绿色，是三华李的颜色深变体（图2-10）。

1厘米

图2-10　红线李

单果重45.44克，最大果重50.19克；果实纵径39.01毫米，横径44.71毫米，果实均匀；果实近圆形，果顶圆平，缝合线较浅，两侧果肉对称，成熟时缝合线变为红色，缝合线变红是该品种成熟的标志；果皮黄色，被少量果粉；果肉除缝合线外均黄绿色，肉质细嫩，纤维少，汁液多，风味酸甜可口，香气浓；半离核，果核中等大小，椭圆形；可溶性固形物含量10%，可溶性总糖含量8.21%，可滴定酸含量1.01%；无裂果或落果现象，品质上等，丰产性强；较耐贮运，一般冷藏条件下，可贮放15天左右，常温下可贮放9天左右。

2月初开花，花期约20天。果实成熟期在6月中下旬，果实发育期135天左右，属晚熟品种。

该品种果大，味甜，肉质细嫩，香气浓，综合品质优良，外观很有特色，果实成熟期，缝合线变成红线，果皮果肉仍为黄色。在一些三华李产区，仍可发现果肉不同程度红黄相间的嵌合体类型及红线李类型。因此，分子标记也显示该品种应该是三华李的芽变。

（十一）串珠李

果实近圆形，单果重12.24克，果实纵径26.14毫米，横径28.18毫米；可溶性固形物含量10.32%，可食率达95.39%，果核很小，重0.56克；果顶圆平，缝合线钝尖，缝合线两侧果肉对称；红皮黄肉。4月底成熟。

该品种果小，成串坐果。基本上散生在各地的三月李园中。

（十二）椶李

原产福建、广东北部，在南方多省有栽培。

树势中庸，果实心脏形，单果重80克，果皮底色浅绿黄色，偶有红色彩斑；离核，果肉近核处有一空穴。果肉淡黄色至黄色，肉

质脆，纤维少，味甜爽口，风味好。自花结实率低，有大小牟结果现象。果实大，品质优，是鲜食优良品种。

椿李品系较多，有青椿、花椿等。青椿果实外形似桃，又具有李之风味，因此，又被称为"桃形李"。

日本很早就引种栽培，称为"甲州大巴旦杏""兜李"。1870年美国人Hough吃后对其品质非常惊喜，并从山梨县甲西町引种到美国加利福尼亚州伯克利（Berkeley）的Kelsey（ケルシー）农场，并起名为'Kelsey'。改良后传入日本称为'ケルシー日本'。单果重150～200克，最大果重250克。是目前日本市场上的人气李品种。

（十三）芙蓉李

原产福建省永泰县，栽培历史有700余年。粤东地区有零星栽培。

树势强，树姿开张。果实近圆形，单果重82克，最大果重达130克。果皮底色黄绿，着紫红色，果皮富有韧性，不易剥离；果粉厚。果肉紫红色，肉质致密硬脆，果汁多，味甜微酸。可溶性固形物含量达12%，有机酸含量0.75%，鲜食品质中等，常有苦涩，适宜于做果脯。

（十四）黑宝石李

原产美国，为Cariota和Nubiana杂交育成。粤北有引种栽培，但冷量不够，易衰老，病虫也较多。

树势强，树姿直立。果实扁圆形，单果重72克，最大果重127克。果面紫黑色，无果点，果粉少。果肉乳白色，肉质细而脆，汁多味甜。可溶性固形物含量11.5%。离核，品质上等。

较抗寒，适应性强，结果早，果实大，耐贮运能力极强，是优良的晚熟品种。除多雨和沿海地区外，可以在我国大部分地区栽培。

（十五）大石早生

由日本引进的品种，为中国台湾李自然杂交的后代。

树势强，树姿直立，结果后逐渐开张。果实卵圆形，自然结果单果重42.5克，疏果后单果重75克，最大果重106克。果皮较厚，底色黄绿，着鲜红色。果肉黄绿，肉质细，松脆。酸甜多汁。可溶性固形物含量12.6%。黏核，核小。

抗旱、抗寒能力强，适应性广。自花不实，栽植时需配置授粉树。成熟期早。粤北有引种栽培，但冷量不够，易衰老，病虫也较多。

（十六）黑琥珀

原产美国。为黑宝石和玫瑰皇后杂交育成。

树势中庸，树姿直立，以短果枝和花束状果枝结果为主。果实扁圆形，单果重101.6克，最大果重158克。果皮中厚，底色黄绿，着紫黑色。果肉淡黄，肉质松软。酸甜多汁。可溶性固形物含量12.4%。离核，品质中上等。

抗旱、抗寒能力强，结果早，果实大，耐贮运，鲜食品质好，加工制罐也可。应选择在干旱地区发展。粤北有引种栽培，但冷量不够，易衰老，病虫也较多。

第三章
生物学特性

一、生长发育规律

（一）根

根是李的地下根营养器官，其形态特征是无节和节间分化，主要功能是吸收和固定作用，此外还有运输、合成与转化、贮藏、呼吸、根蘖繁殖等功能。尤其是根蘖繁殖，是李在野生、半野生状态的主要繁殖方式，在本砧李园中根蘖也是重要砧木来源。

1. 根系的种类

根据李根系的来源，可分实生根系、茎源根系和根蘖根系三种。

实生根系由种子胚根发育而来，其特点是主根发达、生活力强、入土较深，但像华蜜大蜜李、白脆鸡麻李等一些栽培品种的胚退化率已高达90%，生产上已没有太多意义。茎源根系是通过扦插等农事操作由茎上再生不定根而成，无主根，根系浅，生活力弱。根蘖根系是由萌蘖植株形成的根系，李容易形成根蘖，在广东一些老产区仍有用于繁殖的。扦插和根蘖繁殖都属于自根营养繁殖，它们基本上能保持母体的特征特性，个体间差异较小，但入土较浅，须根较多。

在生产中，李基本上都是嫁接繁殖，砧木主要用桃、梅或杏等。嫁接苗若栽植过深，十余年后，在嫁接口附近长出粗大的侧根，以后这种侧根在距主干1米左右的范围内，常大量发生根蘖，特别是衰老树或地上部受到刺激（如重回缩）时，更易发生。这是李嫁接树根系的一个特点。

2. 根系的分布

李树属浅根性植物，水平根分布的广度常比树冠大1～2倍。主要吸收根分布在距地表20～40厘米深的土层内，在土层深厚的沙壤土中可达4米以上。垂直根的深度则视立地条件而定，根系分布的深度和密度与产量密切相关，栽培土壤条件好的高产树比土壤差的低产树，根系重量高1倍且分布也较深。调查表明，高产树0～20厘米的土层内根量仅占6.4%，20～60厘米土层内根量占81.8%，60～100厘米土层内还有11.8%。

3. 根系的活动规律

李根系的活动既受土壤的温度、水分、肥力和通气性等因子影响，也受树体内营养状况和地上器官生长势的制约。其中，土壤温度与根系的关系最为密切。李根系冬季休眠为强迫性休眠。早春，当土壤温度回升到5～7℃时开始萌发新根；李根系生长活动的最适温度为15～25℃，超过26℃时则生长缓慢，35℃以上时停止生长。

李根系生长最怕土壤积水，在南方等雨水多的地区，宜选择排水良好的坡地栽植。土壤田间持水量60%～80%时最适合李根系生长。土壤水分过多，会影响土壤温度和通透性，影响根系的正常活动；而土壤水分过少，也会促使根系生长缓慢或根毛枯死。

李根系与地上部生长是相互促进和制约的。根系生长对地上部生长及产量都有影响，即所谓"根深叶茂"，培养强大根系是李丰产的基础。而根系活动与树体内营养物质的积累有密切关系，因此，根系生长开始时间和生长高峰期早于地上部分。

在根系的年生长周期中，幼树会出现3次发根高峰。春季当土壤温度回升5～7℃时出现第1次发根高峰，这次高峰主要靠消耗上一年贮存的营养物质。随着冬芽萌发和春梢生长，养分集中供应地上部，根系生长放缓。当新梢生长缓慢果实尚未迅速膨大时，此时出现第2次发根高峰，这次所消耗的养分是当年叶片光合作用所提供；此后果实膨大、花芽分化而且温度过高，根系活动再次转入低谷。北方进入雨季后，土温降低，根系则出现第3次发根高峰。据

观察，在黑龙江李幼树的第1次发根高峰多在4月下旬—5月下旬；第2次发根高峰在6月中旬—7月初；第3次发根高峰出现在8月下旬，一直延续到被迫休眠。

成年树每年只有2次发根高峰，春季根系活动后，生长缓慢，直到新梢生长快要结束时，形成第1次发根高峰，这是全年的主要发根季节。到了秋季，出现第2次发根高峰，但不甚明显，持续时间也不甚长。

在广东，李根系活动始于1月中下旬。

（二）枝

枝是由芽萌发生长而成，有节和节间的分化，节部着生叶和芽。依据枝着生的位置和作用，枝可分为主干、主枝、侧枝、小枝等；按枝龄可分为1年生、2年生、3年生、多年生等。按枝条的性质又可分为发育枝（营养枝）和结果枝。

1. 枝的年生长周期

春季芽刚萌发（华南2月上旬，华北4月下旬）后新梢生长很慢，节间短，叶片小，称为簇叶期。此后，随着气温上升，新梢生长加速，节间长，叶片大，腋芽充实饱满。在华南地区，李叶幕形成期始于2月中下旬，6月上中旬春梢顶枯死，叶幕形成；随着纬度增高，叶幕形成期推迟，在东北地区是5月中旬—8月初。

幼树及肥水条件好的成年树，往往一年会抽生2~4次新梢。在华南等南亚热带气候地区，李树一年有春梢、夏梢、秋梢之分，个别年份还会出现冬梢。

2. 枝条的分类

成年李树条按生长状况可分为普通枝和徒长枝，按功能分为营养枝、结果母枝、结果枝。

当年生枝又可分为结实的结果枝、不结实的发育枝和徒长枝。根据结果枝长短又可分为长果枝、中果枝和短果枝，结实特别良好的大而粗的短果枝称为花束状结果枝（图3-1）。由于中国李通常一个花芽有3朵花，但由于一个短果枝节间短、花芽数量多，开花时花量较大，整体上看一个短果枝就像花束状了。

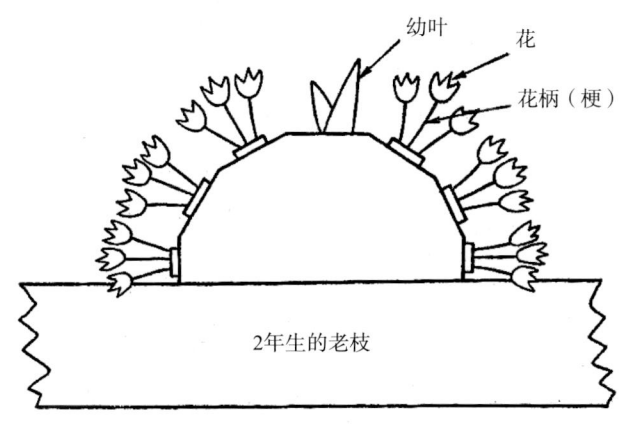

图3-1　中国李花的着生方式

另外，根据枝龄，把春季由芽萌发生长出来的枝称春梢，新梢经过1年生长的枝称1年生枝，经过2年生长的叫2年生枝。2年生以上的老枝上着生短果枝，逐步发育成优良的花束状短果枝。

Ⅰ．发育枝

发育枝又称营养枝，指由叶芽萌发形成的当年生新梢；它生长较壮，组织比较充实。幼树营养枝中上部的叶芽会继续抽生新梢，以扩大树冠和形成新的枝组。因此，通过对幼树发育枝进行合理选择、修剪，培养主枝、侧枝和枝组，以构建良好树形。进入结果期后，新梢通常在翌年转化为结果母枝。在信宜，管理好的果园，发育枝长度多在1.5米，枝粗1.5厘米以上。

Ⅱ．结果枝

着生花芽并能开花结果的枝条称结果枝。按结果枝的长度和生

长结果习性性质又分为长果枝、中果枝、短果枝和花束状果枝等4种类型（图3-2）。

1—长果枝；2—中果枝；3—短果枝；4—花束状果枝。

图3-2　果枝类型

（1）长果枝：由结果期的发育枝冬季完成花芽分化后转变而来，枝条长30厘米以上，其上多复花芽，翌年是3～5年生幼龄结果树的主要结果枝。长果枝中上部形成的腋芽翌年的结实能力较差，但能发育为健壮的花束状果枝，是第3年的优良结果基枝，为此后连续结果打下良好的基础。在长江流域及其以北地区，长果枝由春梢形成；而在广东等华南地区，幼龄结果树的夏梢、9月底前秋梢也可转化成长果枝。

（2）中果枝：枝长在10～30厘米，其上部和下部多为单芽，中部多为复花芽。翌年也可产生花束状果枝。

（3）短果枝：枝长5～10厘米，其上为单花芽。2～3年生短结果枝的结果能力强而可靠，是华南地区的主要结果枝；5年生以上结果能力减退。

（4）花束状果枝（又称花束状短果枝）：枝长在5厘米以下。除顶芽为叶芽外，其下为排列紧密的花芽。因节间短，花芽密集成丛生状，而开花时呈花束状，故称为花束状果枝（图3-2）。该类枝发育充实，粗壮，坐果多，果较大；但坐果在4个以上时会影响顶端叶芽的萌发生长，甚至枯死。

花束状果枝结果当年，其顶芽向前延伸很短，并继续分化出花芽，十余年其长度仅有2厘米左右。结实率高，寿命也长，在营养状况较好的条件下，其经济寿命达10～15年，故其结果部位外移较慢，且不易隔年结果。4～5年后，当其生长势缓和时，基部潜伏芽常能萌发，形成多年生的花束状果枝群，大量结果。这也是李树的丰产性状之一。但当营养不良，生长势进一步下降时，则其中有的花束状果枝不能形成花芽，转变为叶丛枝。而当营养状况得到改善，或受到某种刺激时，其中个别花束状果枝，也能抽出较长的新梢，转变成短果枝或中果枝（图3-3）。

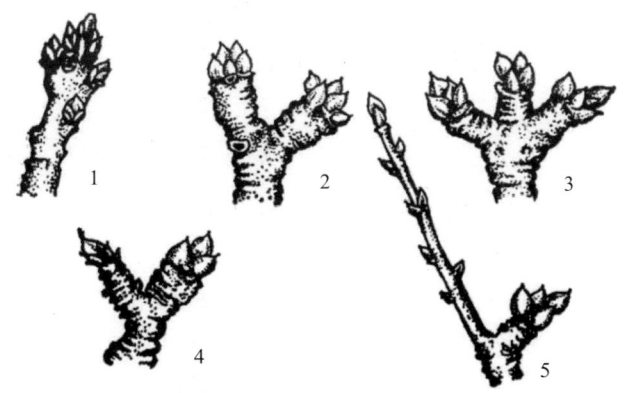

1—花束状果枝；2—二花束状果枝并生；3—三花束状果枝并生；
4—花束状果枝与叶丛枝并生；5—花束状果枝与短果枝并生。

图3-3 花束状果枝群类型

在信宜，因天气炎热，花束状果枝寿命往往只有2年左右。

李的结果习性与梅、杏相同，果实着生在2年生以上的老果枝的短枝上（图3-4）。桃是1年生中、长果枝的花坐果，而李的1年生中、长果枝的花几乎不坐果。李的结实主体是着生在侧枝上花束状果枝和短果枝，主枝和亚主枝等大枝上着生的花束状果枝和短果枝也能大量结实。密植时因光照不足而导致树冠内部枯死的树会极度结果不良。据统计，着生在大枝上的短果枝在李果产量形成中发挥相当大的作用。

一般认为，同一花束状短果枝上，越大的花芽结实率越高，果实的品质也越好。通过使树体开张而让光进入树冠内部的整形修剪措施，都能促进短果枝着生和发育，有利于增产。

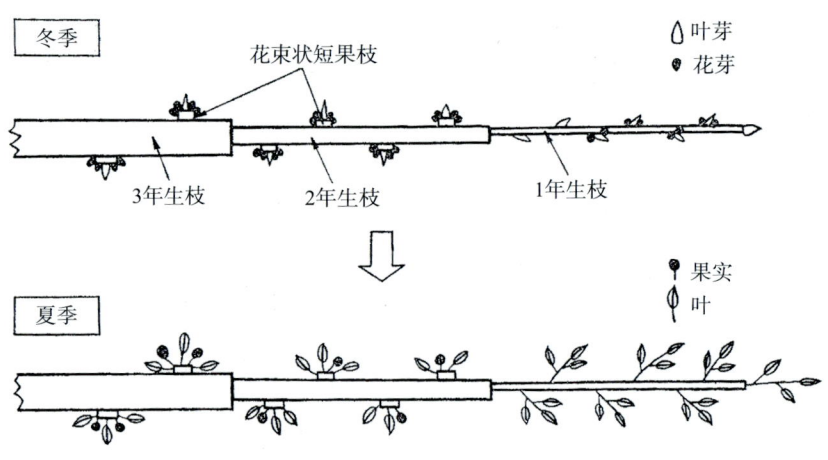

图3-4　李枝的结果习性

3. 枝条的生长

李枝条的伸长生长与加粗生长受种、品种、环境条件、栽培技术等有密切关系。

春季萌芽后，新梢开始生长。由于此时气温较低，尚未展叶，新梢生长消耗的养分是前一年树体内的贮存养分，因而生长速度很慢。

其特点是叶片小、节间短,这个时期通常称簇叶期,有7～10天。

随着气温上升,根系的生长及叶片开始制造养分,新梢开始旺盛生长。枝条表现节间长,叶片大,腋芽充实饱满。这一时期要求适宜的水分条件,对水分敏感,称水分临界期。若遇干旱,容易造成过早停止生长,影响生长与结果;但在南方产区,水分过多,枝条生长量大,幼树春梢生长量常达1.5米左右,广东产区有时一年达4次梢。生长量过大和生长结束太晚都不利于花芽分化,长江流域及北方产区甚至越冬时易受冻害。

(三)芽

芽是尚未完全发育的雏形叶枝、花或花序,有叶芽和花芽。由顶端分生组织及其外围的叶原基、幼叶、腋芽原基或花器各附属部分组成。

李属植物在新梢生长后期(在广东三华李通常是5月下旬—6月上中旬)顶端会自行枯死,由其下第1个腋芽发育成顶芽,因此枝条的顶端芽为伪顶芽(一般称叶顶芽)。李树新梢顶芽为叶芽;当年生枝条的基部为单叶芽,中上部的一个叶腋常为3个芽并生,中间1个叶芽,两侧为花芽。

在2年生以上的枝(尤其是短果枝)上,1个叶腋间能着生许多芽(复芽),最多可达12个,成为1个芽组。位于中间的,多为叶芽;位于两侧的,多为花芽,但也有叶芽。

李的花芽为纯花芽,通常比叶芽稍大而充实,幼芽呈卷席状或对折状。花芽的鳞片被有蜡质,赤褐色,有光泽,外形也较饱满,可区别于叶芽。

李的萌芽率很强,在90%以上,一般仅枝条基部很少几个芽当年不萌发。但李成枝力弱,而且所抽长枝基本上都集中在剪口下,

即顶端5厘米范围内，可见李有较强的顶端优势，层性很明显。

隐芽寿命很长，可达30年以上，如受到某种刺激则极易萌发成各种枝梢，至衰老期更为明显，因此，树冠不易光秃，易于更新。

1. 芽的类型

芽按着生位置可分为顶芽和腋芽，但李属植物在新梢伸长生长后期顶端会自行枯死，由留存枝段的第1个腋芽发育成"伪顶芽"（图3-5，图3-6）。

1—长果枝（1年生）上一个叶腋由2个花芽和1个叶芽组成的芽组，品种为云开1号三华李；
2—短果枝、花束状果枝的芽组，黄绿色的芽体为已萌动的花芽，品种为三月李。

图3-5　李长果枝、短果枝、花束状果枝芽着生

注：拍摄于广东省信宜市钱排镇，2017年12月20日。

按性质或萌发后形成器官不同可分叶芽和花芽，而按每个叶腋所形成芽的数量可分为单芽和复芽。

大多数品种在新梢的下部通常形成单生叶芽，而在新梢中部形成2～5个芽并生的复芽（由1个叶芽和1～4个花芽组成），在新梢接近顶端又形成单生叶芽。

李的叶芽小而尖，萌发后抽生发育枝。其花芽是纯花芽，芽体肥大而饱满，萌发后只开花不生枝叶。每个花芽内包孕着有1～4朵花簇生，开花时花序抽出，花朵开放。

在一个芽位上只生一个芽的称为单芽，单芽多为叶芽。在一个芽位上同时着生2个或3个芽的称为复芽。两芽并生的多为1个叶芽1个花芽，也有2个都是花芽。三芽并生的，经常情况是叶芽在中间，花芽在两侧，华南李品种多属于该类型。也有时2个叶芽与1个花芽并列或3个叶芽、3个花芽并列（图3-5）。

枝条基部的单芽往往不萌发，称为潜伏芽。

图3-6　李短果枝上的芽

注：黄绿色芽体为已萌动的花芽，两花芽之间细锐芽为叶芽，2017年12月20日拍摄于广东省信宜市钱排镇，品种为云开1号三华李。

2. 芽的特性

（1）芽的异质性：由于枝条内部营养状况和外界环境条件不同，生长在同一枝条上不同部位的芽，存在着差异现象，称为芽的异质性。例如，树冠外围发育枝中部的叶芽比较饱满，生命力旺

盛，用这些芽作接穗繁殖李苗成活率高。还有位于顶端的芽发枝力强，向下依次减弱。

（2）芽的早熟性：果树的新梢，当年生芽可以萌发，连续形成二次梢或三次梢，这种特性称为芽的早熟性。具有早熟性芽的树种分枝多，进入结果期早。

（3）萌芽力和成枝力：核果类的果树萌芽力和成枝力均强，但不同品种芽的萌发力也不相同。绥棱红、香蕉李的萌芽力和成枝力都强。修剪时应多疏少截，防止郁闭。

（4）芽的潜伏力：果树进入衰老期后能由潜伏芽发生新梢的能力称芽的潜伏力。李树潜伏芽寿命长，据调查，30多年生的秋李树枝基部的潜伏芽仍能抽生新梢。

（四）叶

李叶为完全叶，由叶片、叶柄和托叶组成。单叶互生，幼叶在芽中为席卷状或对折状；在叶片基部边缘或叶柄顶端常有2个小腺体；托叶早落。

1. 叶的形态特征

中国李叶形如图3-7、图3-8所示，从长椭圆形、长倒卵形到卵形都有，稀长圆卵形，长6～8（～12）厘米，宽3～5厘米；先端渐尖、急尖或短尾尖，基部楔形，边缘有圆钝重锯齿，常混有单锯齿，幼时齿尖带腺；上面深绿色，有光泽，侧脉6～10对，不达到叶片边缘，与主脉成45°角，两面均无毛，有时下面沿主脉有稀疏柔毛或脉腋有髯毛。托叶膜质，线形，先端渐尖，边缘有腺，早落。叶柄长1～2厘米，通常无毛，顶端有2个腺体或无，有时在叶片基部边缘有腺体。

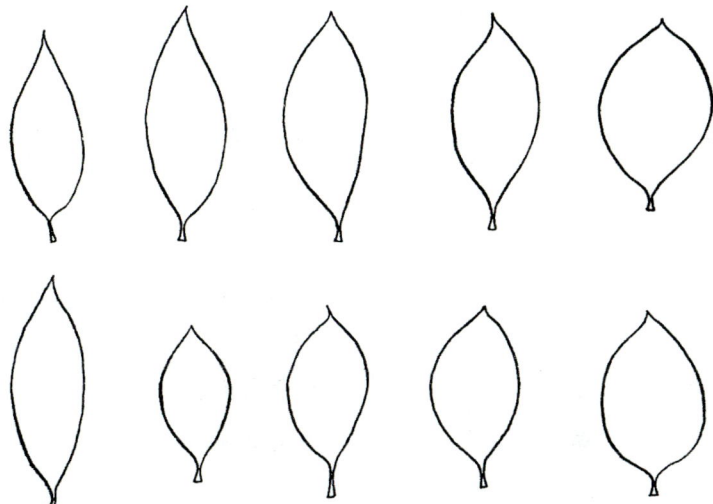

图3-7　中国李成熟叶片的形状

图3-8　同一株兴华三华李树上的叶形变化

2. 叶序

叶片在新梢上排列的顺序称叶序，李树叶序多为2/5，即叶在新梢上5片叶排列成2轮。了解叶序，可为整形修剪控制枝条的方位提供依据。

3. 叶的生长

李是先花后叶型植物，叶芽比花芽萌动要迟3周左右，通常在盛花时叶芽鳞片才开始松动，展叶则在花谢之后。展叶先后和所需时间与叶片所处枝条类型有关。短果枝和花束状果枝上的小叶片展开较早，停止生长也早，展叶期16天左右；短果枝和花束状果枝上的大叶片展叶期23天左右。新梢叶片展开需26～27天，新梢上部展叶持续时间较长。

叶幕形成开始较为缓慢，萌芽开始后的前3周为缓慢期，第4～5周为叶幕迅速形成期，以后又趋缓慢。华南地区叶幕形成是从2月上中旬开始，9月结束。东北地区5月上中旬为缓慢期；5月中下旬为迅速形成期，至8月初为止。

叶片停止生长期也随产地和枝条类型而异。东北地区花束状果枝在5月下旬—6月上旬封顶（新梢枯顶），其叶片也随之停止生长。短果枝晚于花束状果枝。当年生发育枝叶片停长较晚，但也因树龄不同而有差异，盛果期树的叶片8月末停止生长，而幼树将延迟至9月才停长。华南地区则提早50～60天，因新梢（尤其是幼年树）还有夏梢、秋梢、冬梢之外，停止时间也较晚，通常在10—11月。

短果枝和花束状果枝上的叶片虽然较小，但停止生长期早，受光时间较长，养分累积时间长，有利于形成饱满的花芽。新梢叶片虽停止生长较晚，但叶片较大，光合作用旺盛，积累养分充足，花芽也较饱满。

（五）花

李属植物的花为两性花，整齐，周位花；花轴上端发育成的花托（或称萼筒），在花托边缘着生萼片、花瓣和雄蕊；萼片和花瓣各5，覆瓦状排列；雄蕊多数（20～30），花丝离生；雌蕊1，子房上位，心皮无毛，1室，内含2悬垂胚珠（图3-9）。

杯状花托

子房

图3-9　李花的纵切

花单生或2～3朵簇生（三华李类品种通常是2朵簇生，三月李类品种通常是3朵簇生），具短梗，先叶开放或与叶同时开放；有小苞片，早落。

不同种类花的特征区别明显。

中国李的花通常3朵并生；花梗1～2厘米，通常无毛；花直径1.5～2.2厘米；萼筒钟状；萼片长圆卵形，长约5毫米，先端急尖或圆钝，边有疏齿，与萼筒近等长，萼筒和萼片外面均无毛，内面在

萼筒基部被疏柔毛；花瓣白色，长圆倒卵形，先端啮蚀状，基部楔形，有明显带紫色脉纹，具短爪，着生在萼筒边缘，比萼筒长2～3倍；雄蕊多数，花丝长短不等，排成不规则2轮，比花瓣短；雌蕊1，柱头盘状，花柱比雄蕊稍长（图3-10）。

图3-10　中国李开放的花朵

（六）果实

1. 果实的结构

李属植物的果实为核果，具有1个成熟种子，外面有沟，无毛，常被蜡粉；核两侧扁平，平滑，稀有沟或皱纹；子叶肥厚。$x=8$。

李果和其他核果一样，在柔软的果肉中央有硬核（图3-11）。外果皮是果皮，中果皮是果肉，内果皮是发育的核。核内是种子，种子又分种皮和子叶、胚芽、胚轴、胚根。李的果柄比桃长。

中国李果实圆形或椭圆形，果顶由尖顶、平顶到凹顶变化很大（图3-12）。果皮的颜色由黄色到紫红色，果肉也多呈黄色或紫红色（图3-13）。

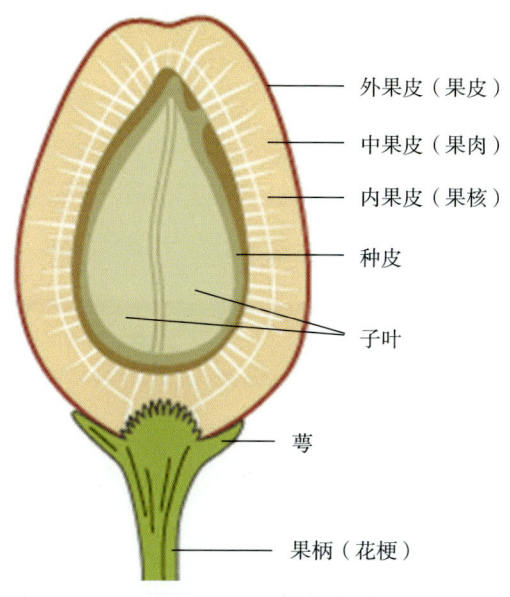

外果皮（果皮）

中果皮（果肉）

内果皮（果核）

种皮

子叶

萼

果柄（花梗）

图3-11　李果的构造

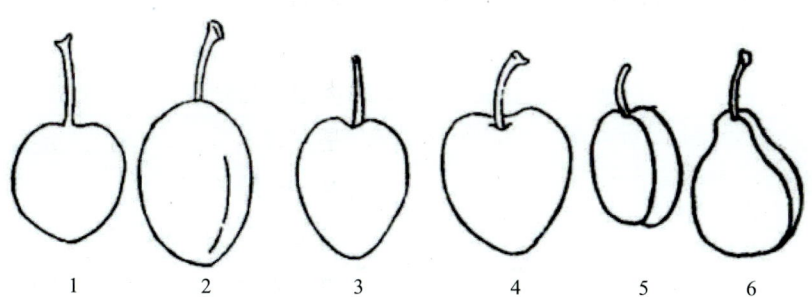

1—圆形；2—椭圆形；3—卵形；4—心脏形；5—长椭圆形；6—倒卵形。

图3-12　李果的形状

图3-13　二倍体李品种果实大小和色泽的范围

注：多为中国李，部分为中国李与美洲李杂种，二倍体栽培品种缺少蓝色。

2. 果实大小的分类

在《植物新品种特异性、一致性和稳定性（DUS）测试指南　李》中也分为5级：很小<30克；小30～45克；中45.1～60克；大60.1～70克；很大>70克。

在一般管理水平下，三华李类品种单果重在35～45克，三华李选优标准见表3-1。

表3-1　三华李选优标准——品质指标

项　目	等　级		
	特等果	一等果	二等果
可溶性固形物含量/%	≥13	≥12	≥11
可滴定酸含量/%	≤0.95	≤1.1	≤1.2
单果重/克	≥60	≥45	≥35
果实外观	果粉厚；果皮紫红，颜色均匀	果粉中等；果皮红，颜色较均匀	果粉较薄；果皮浅红色且不完整
其他	果面无病虫斑点及损伤	果面无病虫斑点及损伤	果实无损伤

二、生长发育周期

（一）物候期

李的物候期因地区和品种而异。营养生长期160～290天，地区差0～80天；果实生育期90～120天，地区间无差别。在广东的北回归线以南的低海拔地区，幼树冬梢及当年的嫁接苗都不落叶（图3-14）。

1～2—9月嫁接的硬枝李和学佬李，2016年1月19日拍摄于广东省兴宁市；
3～6—三月李的冬梢、冬花和冬果，2017年12月19日拍摄于广东省信宜市。

图3-14　广东李产区冬季生长发育状况

中国李开花的低温需求因品种及其原产地而异。原产长江流域及其以北地区的品种，自然休眠需要在低于7.2℃的低温下700～1 000小时，才能通过休眠，否则花芽发育不良，年周期生长发育紊乱。但原产广东的三华李、从化三华李、岭溪李等品种低温需求量一般

在400～600小时（≥7.2℃）；而原产广东罗浮山区的三月李等早熟品种低温需求量<300小时（≥7.2℃），它们在广州市天河区五山和茂名市信宜市海拔100米以下地区都能正常生长结实。

（二）生命周期

李树结果早，经济寿命也短。根据生产情况，大体可分为以下3个年龄时期：幼树期、盛果期、衰老期。

1. 幼树期

幼树生长迅速，中国李2～4年开始结果。如三华李定植后第2年，有少数植株开花结果，2年生平均株产达10千克。

2. 盛果期

5～8年进入盛果期。如三华李5年生平均株产达75千克；江苏省高邮市果园的早黄李6～8年生一般平均株产85～125千克。如水肥条件差，管理粗放，则产量低且不稳定。

树冠开张，高度和宽度一般为4～5米，大的如江苏高邮的早黄李和云南的金沙李，高可达6～7米，冠径7～8米。树形多为半圆形，如南京的早黄李、黄皮李，吉林的跃进李，浙江的槜李等。也有少数品种直立性强，如浙江的红心李、昆明的玫瑰李等。树冠的特点：短枝密生，长枝稀少，树冠稀疏而叶少，因此，结果多时，常出现叶面积不足现象，如肥水不足，生长势易衰弱。

3. 衰老期

进入衰老期的树龄，因种类、品种、栽培水平而异。中国李一般30～40年或更长，浙江槜李（桃砧）40年生树，生长仍健壮且结果好；在广东缺少管理的三华李果树约10年生（嫁接）树势衰退，管理良好的果园经济寿命可达40年，根蘗繁殖时70～80年生仍能正常结果。欧洲李和美洲李经济寿命一般20～30年。

第四章
生长发育特性及环境要求

一、花 芽 分 化

花芽分化是指叶芽生理和组织状态向花芽生理和组织状态转化的过程。这一过程可划分成生理分化和形态分化两个阶段。

生理分化是指生长点内部发生成花所必需的一系列生理的和生物化学的变化。在一定时期，李叶芽受到外部信号触的诱导（即成花诱导floral induction），生长点细胞内代谢发生变化，向形成花芽方向发展；此时，生长点细胞内对内、外条件反应都敏感，是容易改变代谢方向的时期，进入花芽分化临界期（critical period of floral induction）。

形态分化时，从肉眼识别生长点突起肥大，花芽分化开始，至花芽的各器官出现。内部的生长圆锥体或生长点比叶芽肥厚隆起，其顶部变成平坦的状态。在显微镜下直接观察可显示出花芽分化起始的时期。

（一）花芽分化的时间

据观察，在广东省广州市华南农业大学，从早1号三华李花束状枝花芽分化始于果皮红熟时（约6月20日），单个花芽分化期约为60天，而其中的单个小花分化期约30天。在广东省信宜市，云开1号三华李花束状枝花芽分化6月10日—8月10日。

在长江流域，中国李的花芽分化开始的时间是7—8月。"圣罗莎"（Santa rosa）等是7月上旬开始分化，"寺田"是7月中下旬开始分化，"Soldum"是8月开始分化；除品种影响外，地域、气候和栽培管理等对花芽分化时期也有相当大的影响（表4-1）。即使在同一株树上，花芽分化期也因枝所在的部位、枝的种类不同而异。在一般情况下，营养生长停止越早，花芽分化始期也越早。华南地区三月李和云开1号三华李花芽分化始于6月，长江流域的李产区7月分化相当旺盛，但黄淮流域常到8月才开始分化。

表4-1 中国李的花芽分化期

品种	花芽分化始期	花穗分化期	花萼分化期	花瓣分化期	雄蕊分化期	雌蕊分化期	地点
从早1号	4月20日	5月5日	5月20日	6月5日	6月10日	6月20日	广东广州
云开1号	6月10日	6月20日	7月10日	7月25日	8月2日	8月10日	广东信宜
圣罗莎	7月10日	6月30日	7月15日	7月30日	8月20日	8月30日	日本中部
寺田	7月30日	7月20日	8月10日	8月30日	9月15日	10月17日	日本中部
Soldum	8月26日	8月15日	9月10日	10月11日	—	—	日本中部

云开1号三华李属于中熟品种，花芽分化也始于果实红熟时（约6月10日），但较从早1号三华李（早熟品种）迟约50天，单个花芽分化期约为60天；花芽内单个小花的器官形态分化起止时间为7月10日—8月10日，为期30天左右。

（二）影响花芽分化的因素

促进花芽分化的条件有生长发育期中的光照、干燥、碳水化合物蓄积、扭枝和摘心等新梢管理。与此相反，由日照不足和排水不良引起的树势衰弱，氮肥过量和肥料迟滞引起的营养过剩，夏季修剪过度等都会抑制花芽分化。

二、授粉、受精

（一）花的构造与受精

1. 花的构造

李花在一个结果基枝上类似总状花序从下到上开放（图4-1）。由于一个花芽通常产生2～3朵花，每个短果枝上就有相当数量的花。

图4-1　三月李的开花过程

花的构造如图4-2所示。花瓣基数为5，圆形至椭圆形，通常白色。花蕾虽有的为桃红色，但一到开花时就变白色。雄蕊数因品种而异，多数品种15～20。花药黄色，色浓淡因品种而异。花粉量及其育性因品种而异。花萼5，从黄绿色、绿色到红色。花柄长，多为绿色。

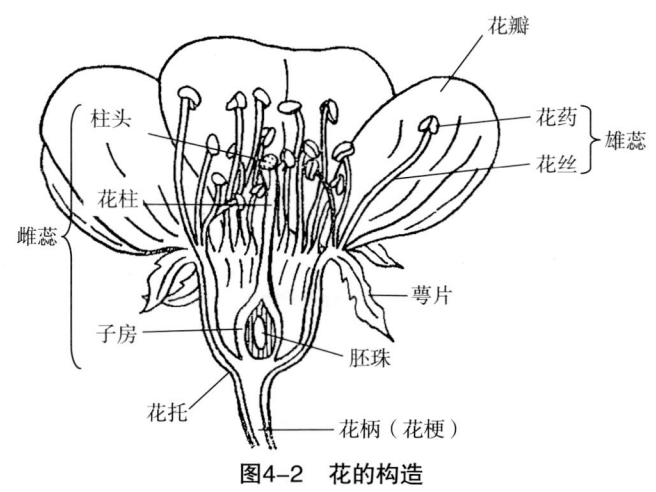

图4-2　花的构造

2. 开花期

中国李花期早，仅次于梅和杏。在广东省信宜市云开1号三华李和三月李等品种花期分别是1月上中旬和1月中下旬，长江流域在2月下旬—3月上旬，而在东北地区是4月中下旬。同一地区，不同品种的花期也有差异。在广州，三月李、串珠李比三华李早约2周，引自辽宁果树研究所的国峰品种比三华李迟3～4周。另外，来自欧洲的Plum品种的开花期要比中国李迟7～10天，中国李与欧洲李开花期重叠的品种少。

开花期平均气温9～13℃，一朵花的开放期是5天左右，在北方一株树的开花期7～10天，但在华南地区每株树花期通常2～3周。在一般情况下，短果枝上的花比长果枝上的花早，越是温暖的地区这种倾向性越强。因此，在华南地区可利用这一特性进行设施栽培，以提早上市。

3. 受精

李与桃、梅一样进行双受精。受精所需时间约2天，但也因花期温度不同等有差异。中国李花粉比桃和杏的花粉小，花粉管的生长速度慢，因此，开花期一旦遇到低温等恶劣条件，受精所需时间将更长。从李花粉的大小和形状来看，适合于昆虫传粉。

（二）不完全花的发生

维持李结实稳定是重要的研究课题。无论花量多大和受粉怎么充分，有时就是结实不良。其原因之一可认为是不完全花的发生，而不完全花则是下述情况（图4-3）。

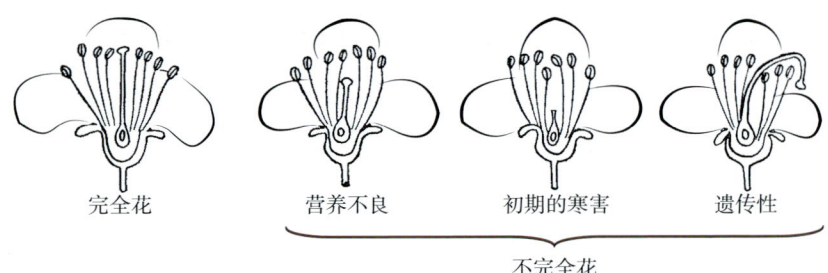

图4-3　李的不完全花

1. 雌性器官不完全

完全花雌蕊发育良好，子房大，花柱高度与雄蕊高度相同（图4-3）。但若上一年夏秋季发生早期落叶等危害，就会营养不良，雌蕊瘦弱。同一株上，着生在光照不足的枝和弱枝上的花，其雌蕊也同样瘦弱。

另外，即使营养状况很好，仔细观察开放的花朵，也能发现有雌蕊褐变、退化现象，一般认为这与冬季花蕾发育初期受到寒害有关。如果同一树上，早开的花中出现这种现象较多时，通常认为是花开得越早越容易受到寒害的缘故。

还有少数品种的有些雌蕊很长而且弯曲。这种现象虽然受到一些外部条件的影响，但因品种之间的差别很大，主要还是遗传方面原因造成的。

2. 雄性器官不完全

一般认为，李的育性受到遗传和环境的影响。

花粉育性高的品种不会有太大问题，而完全花粉和不完全花粉混杂的品种其花粉育性受树体营养状况和气象因素的影响。当雄性器官发育不完全时，容易降低花粉的育性。早期落叶、树体衰弱和寒害等也会影响花粉的发育。

在南方地区栽培李时不同品种开花期迟早相差很大，必须在交配亲和性的基础上选花期一致的品种作为授粉树。而春季迟地区不同品种的花期差异较小，因此主要以交配亲和性作为选择品种的依据。

三、果实生长发育

（一）果实生长发育过程

李果实发育过程与桃、杏等其他核果大致相同。图4-4是中国李Soldum的果实发育模式图。果实膨大分为3个时期而呈"S"曲线，花后约50天之前为迅速生长期（第1期），此后20天左右为缓慢生长期（第2期），从花后约70天开始到成熟又为迅速生长期（第3期）。

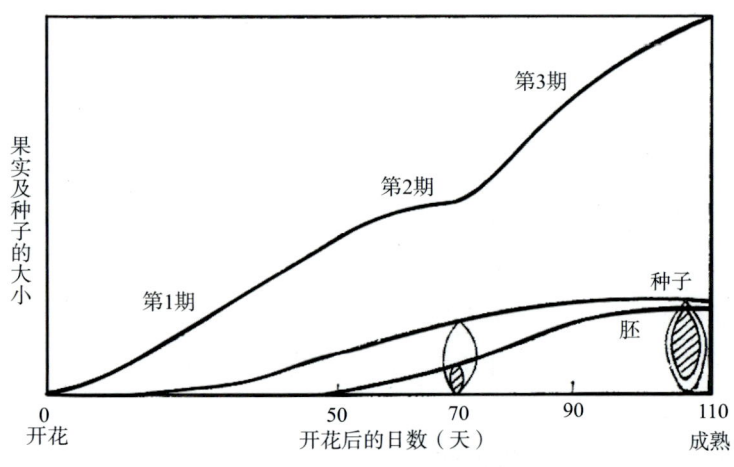

图4-4　Soldum果实的发育

第1期又称迅速生长期或幼果膨大期，是从子房开始膨大到果核骨质化启动时止。这一时期果实体积和重量迅速增长，果实增长速度较快。此期持续的时间在不同成熟期品种间的差异不大，通常50天左右。

第2期又称缓慢生长期或硬核期，是核硬化和胚发育旺盛时期。此期种胚迅速生长，果实纵横径增长速度急剧下降，果实增长缓慢或无明显增长。内果皮从先端开始逐渐骨质化（硬核），胚不断增大，胚乳逐渐被吸收直至消失。硬核期的长短因品种不同差异显著。例如，晚红李的硬核期为4月中下旬—6月中旬，小核李硬核期则为5月中下旬—6月末或7月初。而Soldum约20天，到花后100天胚已相当充实，而且充满种子内部。

第3期为果实第2次迅速增长期。这一时期，果实干重增长最快，是果肉增重的最高峰。完全成熟的果实整齐而饱满，胚充分成熟。如果这个阶段雨量过多，有些品种容易出现裂果，在南方地区更是严重。绥棱3号李就经常出现此种裂果现象。

（二）生理落果的原因

李是花量大、坐果率低的果树。果实在生长发育过程中易发生生理落果，特别是在气候和土壤条件严酷的地方，栽培时落果会更加严重。

李的生理落果通常有3次高峰。第1次是在刚开花后，第2次是从谢花3周后至1个月，第3次是5—6月（长江流域），即所谓"六月落"（June drop）。

第1次谢花后的落果也称为落花，是由不完全花引起。树势衰弱树上形成的花芽不充实，即使翌春开花也多是雌蕊瘦弱。把雌蕊瘦弱称为不完全花，它们即使充分授粉，也会在开花后马上落掉，这是李生理落果中最值得关注的。而夏秋季太旱、病害等是容易引起树叶早落叶、导致树势衰弱的重要原因。

第2次落果是由不受精引起，自交不亲和品种在不进行充分授粉时容易发生。开花3周后，受精果与不受精果在外观上也能明显区别开，花后1个月不受精果几乎全部落掉。疏果一般是在第2次落果结束后实施。

第3次落果高峰（"六月落"）是果实长大之后发生的，因而受到关注，但这次的落果量并不那么多。第3次落果原因多种多样，但一般认为是由胚死亡引起。结实过多时，落果是因果实间的养分竞争致胚死亡而引起。与此相对应，树势强而结实少则是因为养分都被枝叶利用，而易致胚死亡。日照不足、土壤水分过多等会引起树势衰弱。品种特有的生理落果是遗传性的，这种现象在桃中常见。有人认为自交不亲和性强的品种在近亲交配时发生胚中途死亡也会导致生理落果。

"六月落"之后的落果称为后期落果或采前落果，有别于早期落果，一般认为其原因与"六月落"同样是胚死亡的原因。

四、对环境条件的要求

（一）气候

1. 温度

李属果树开花需要一定时间的低温休眠期，因此，在广州及以南低海拔地区（低于100米），温度低于7.2℃时间通常在400小时以下，即便是原产广东的三华李等中国李品种中的迟熟类型，也会出现花期紊乱现象，早衰严重。在湛江以南低海拔地，基本属于北热带气候，像三月李这种低温需求量很少的品种都会出现花期紊乱，早衰严重，不宜经济栽培。但在北纬22°11′16″～22°42′26″的广东省信宜市，年平均降水量1 816.2毫米，年均气温22.6℃，其海拔400～700米山区已发展成为我国最大的李集中产区，面积达1.6万公顷。

2. 湿度

中国李对水分适应性较欧洲李和美洲李强。在干旱和潮湿地区均能生长，在生长期中雨水稍多亦能忍耐，但花期多雨，则妨碍授粉。成熟期多雨，助长病菌的蔓延。中国南方梅雨期，阴雨绵绵，易诱发炭疽病、黑斑病、裂果等，损害果实的外观和品质，所以在南方栽培李，应注意防治病虫害。

欧洲李和美洲李对空气和土壤湿度要求较高。欧洲李的蒸腾系数较高，说明它对空气湿度有严格要求。李在河谷滩地上生长良好，只要地下水位未升高到根系分布区时，李可正常生长。由于李对空气和土壤水分要求较高，所以必须注意防风林的营造，以防旱风危害，在有条件的地区，还应注意灌溉。

3. 光照

李对光照的要求不如桃严格，一般在水分条件好，土层比较深厚，光照不太强烈的地方，均能生长良好。但果实却要求充足的光照条件，阳坡的外围向阳的果实着色早，品质佳。在生长季节，阳光充足，空气比较干燥，花芽分化良好，新梢发育健壮，病虫害少，产量高且风味好。

4. 风

李对风的抗性弱，花期如遇伴有大量黄沙的西北风，会吹干柱头，影响受粉；果实发育期遇梅雨狂风会打落果实；遇强劲台风叶片甚至被打碎，影响翌年产量。

（二）土壤

1. 土质

李对土壤的要求不太严格，任何土质都可栽培，但因种类不同，对土质的要求有差异。中国李的适应性超过欧洲李和美洲李；中国李和中美杂交种在较薄土壤亦能获得相当产量，中国李在砾质、沙质土壤，中国北方的黑钙土、潑灰土，西北黄土高原的褐土及南方的红壤上生长都良好。

李的大量吸收根分布较浅，故以保水力较强的黏重土壤为宜。表土浅且过于干燥的沙质土栽李时，不但树生长不良，且果实近成熟肥大期易发生日烧病，故李园土壤宜土层厚而肥沃。如用瘠薄地，应先行深耕，并多施有机肥。欧洲李宜肥沃的黏质土，更不适于沙土。美洲李自黏质土至轻松沙质土都可适应。

2. pH

李对酸碱度的适应能力强，在pH 4.7～7的中性偏酸的坡地上均能生长良好。对盐碱土的适应性也强。

3. 水分

李喜干燥，怕水渍。不论李的种类和土壤性质，排水都需良好，如有停滞水，易致根系死亡或发生树脂病。在地下水位高的地区，根分布浅，树易早衰或死亡。

第五章
建园与定植

李属多年生果树，树体高大，不易移植；同时，种植以后，一般有十几年的经济寿命，因此，建园是李栽培的一项重要的基础工程。选择良好的园地进行高标准、高质量建园，是李优质、高产、高效益的关键，因此，建园前要充分考虑品种自身的特点及其对环境条件的要求，确定建园地点。还要结合当地的市场需求前景及果园的发展方向，做好果园规划，总的原则是"适地适栽，统筹安排，合理规划"。

一、建　　园

（一）环境条件

一般而言，坡度25°以下，地势开阔、交通方便，背北向阳的丘陵地和山地，地下水位低于1米的平地、旱水田均可种植。

1. 温度

南方李品种多对温度适应性较强，年平均温度18℃以上，冬季极端最低温度不低于-7℃即可存活；无霜期要求290～320天，但在李的生长季节，仍然需要适宜的温度，才能使其生长发育并开花结果良好。此外，李的花期早，花易遭受霜冻的危害，要防止早春低温或倒春寒产生的冻害，在农业生产上可采取简单有效的措施，如树干涂白、霜前灌水和熏烟防霜法等。

2. 土壤

李对土壤的要求不严苛，土层较深（1米以上）、土质疏松、透气排水良好，有机质丰富，pH 5.5～6.5的壤土或沙壤土均可种植；低洼易涝地须挖深沟起高畦种植，以利于排水防涝。由于李大量吸收根分布较浅，选择保水保肥力较强的园地最为适宜。

3. 光照

李是喜光树种，良好的光照条件下树势生长健壮、叶片浓绿、花芽分化好、高产优质；若光照不足表现为生长势弱、花芽少而不充实，产量低，因此，要求年生长期内的日照时数1 500～1 900小时，生长期（4—9月）的日照时数在1 500小时以上。

4. 水分

李对土壤水分反应敏感，水分过多，会影响根系发育甚至导致植株死亡；而开花期雨水过多或空气温度过大会影响授粉，使产量受损；因此，宜选择地下水位低、无水涝危害，年降水量在1 600～2 000毫米的地方建园。

（二）园区规划

科学合理的园区规划应遵循以下主要原则：

1. 整体规划充分

根据建园方针、经营方向和要求，结合当地自然条件、物质条件、劳动力资源等综合考虑，进行整体规划。坚持综合利用、立体开发的原则，提高土地利用价值，实现效益最大化，提升市场竞争力，进而推进李规模化生产和产业化经营。

2. 品种搭配优良

根据建园类型选择适宜品种，品种可划分为主栽品种和搭配品种。主栽品种为适应当地环境条件和市场消费的优良品种，在品种选择上应做到早、中、晚熟品种配套，延长产品的市场供应期；搭配品种是能满足主栽品种授粉需要，且具有一定优良性状的品种。

3. 规划设计全面

做好道路系统、排灌系统、防护林及其他配套设施的规划，提高土地利用率，有利于机械化的管理和操作，以降低劳动强度和管

埋成本。坡度在10°以上的山坡地可修成等高梯田，5°以下的缓坡地可采用等高种植。

二、定　植

1. 定植密度

平地、缓坡地及土壤肥沃、排灌方便的园地，株行距4米×5米，山坡地及土壤瘦瘠的园地，株行距4米×3米，也可采用先密后疏的栽植方法，前期3米×2米，后期6米×4米的密植方法。

2. 植穴准备

按种植规格开挖种植穴，规格为长0.8～1米、宽0.6～0.8米、深0.6～0.8米。种植穴内应施足基肥，每穴用农家肥、塘泥等基肥20～25千克，与表土搅拌均匀施入，然后用园土回填，形成高出地面20～25厘米的土墩，回土工作应在定植前1～2个月完成。定植时间可在冬至到立春前完成，生长季节应等新梢老熟后进行。容器苗不受季节限制。

3. 定植方法

先将苗木放置于种植穴中间，舒展其侧根，将细土分层填于根部间隙，逐层压实；定植时，要保证嫁接口稍高于土面，并保持植株直立；淋足定根水，树盘覆盖稻草或杂草，保持土壤湿润。

4. 授粉品种配置

李的多数品种自花结实率很低，应配置授粉树。目前李品种良好的授粉组合尚不清楚，最好选择花期相近的多品种混栽，以增加授粉机会和提高产量。授粉品种一般不少于主栽品种的1/5或1/4。如果一个李园确定的2～3个主栽品种相互之间能互相授粉，可等量栽培。

（1）配置的授粉树的要求：A.选择的授粉树必须与主栽品种

花期基本一致，花粉量大，授粉亲和性好，并且能增进果实品质；B.要求授粉树与主栽品种无杂交不孕现象；C.要求授粉树与主栽品种的寿命长短相近，而且保证每年都要开花，无明显大小年现象；D.为了方便管理，授粉树最好选用品质好、经济价值较高的品种，而且二者成熟期相同或者先后衔接。

（2）授粉树在果园中配置的方式：对建在地势平缓地区的小型李园，常用中心式栽植方法，即保证1株授粉树周围栽植6～8株主栽品种；对规模型李园，应当按果园的长边方向以行列式整行栽植，每隔3～7行主栽品种栽1行授粉树。在生长条件不适的情况下，如花期常有大风出现的地区及海拔较高、湿度较大的山区，授粉树种植就要适当增加，间隔行数要缩小；对建在有一定坡度的山地或梯田山坡，可按梯田行间隔3～4行栽植1行授粉品种。

第六章
嫁接繁殖与整形修剪

三华李的繁殖方法很多，可以通过实生繁殖、嫁接繁殖、分株、扦插和组织培养等方法获得。目前，我国栽培的李树在生产上通常以嫁接繁殖为主。李树分株法和实生法在生产上很少使用。实生繁殖法一般在杂交育种上采用。在南方空气湿度较高的地区也可采用扦插法进行繁殖。近年来，组织培养技术的发展，通过离体培养进行苗木的繁殖在很多果树上获得成功，它的优点是繁殖速度快，能很好地保持母本的优良性状，这一新技术的发展和应用，可以提供大量无病毒自根苗，应是今后优质苗木生产的发展方向。

一、苗地的选择与管理

苗圃地是保证果树育苗质量不可缺少的条件。生产上大多数人往往只重视砧木、接穗和育苗技术，而忽视果树育苗地的选择，容易出现培育苗木质量差、产苗量低、经济效益差等问题，因此，果树育苗地的正确选择对于果树育苗至关重要。

三华李育苗地应选择地势平坦，阳光充足，交通方便，水源充足，地下水位低，能及时排灌的位置；要求土壤pH 5.5～7.5，土质疏松，土壤肥沃的沙壤土。另外，最好不要苗木连作，苗木连作重茬后，土壤微生物的自然平衡遭到破坏，有害微生物迅速繁殖，会加重病虫害的发生程度；也不要在已种植过核果类水果（桃、樱桃、梅、杏等）的园地上进行三华李种苗育苗。

苗地选择好之后，要深翻施肥，深度40～50厘米，每亩（亩为非法定计量单位，1亩=1/15公顷≈666.67平方米）施优质农家肥1 500千克左右，磷肥100千克。病虫害多发地区还要结合施肥进行土壤消毒，每亩喷90%晶体敌百虫500倍液或五氯硝基苯1～2千克，有地下害虫的可结合施肥撒入毒饵。

苗地翻耕后要敲碎土块，然后开沟做畦，畦面要平整，土质细碎，畦宽120厘米，沟深25～30厘米，整理好苗地后，待适宜的天气及时进行播种和移栽。

二、砧木的选择与处理

目前，三华李在生产中多使用嫁接繁殖的方式获得生产所需的苗木，李树的砧木很多，如毛桃、梅、山桃、中国李、毛樱桃等都是良好的砧木。这些砧木一般都比较抗旱、抗寒，并同三华李有很好的嫁接亲和力。不同地区可根据当地的气候、土壤条件等选用适合当地生长的砧木繁殖苗木。在南方，三华李苗木的生产多使用毛桃作为砧木，毛桃根系发达，生长旺盛，嫁接亲和力强，缺点是不耐涝，寿命短，耐旱力与耐寒力较山桃差。

砧木种子从成熟到发芽需要经过后熟阶段，解除休眠才能萌发。低温和适宜的湿度是完成后熟的必要条件。种子处理常用的方法有层积处理和播前快速催芽。毛桃种子对层积处理的要求：0～5℃条件下，处理时间100～120天。也可采用播前快速催芽的方式促使砧木种子萌发，具体做法如下：播种前1个月左右，把经过挑选的种子放入80～100℃热水中，边倒边搅动，约20分钟后捞出，放入冷水中浸泡48小时，每小时换水一次。捞出后，与2～3倍种子量的细河沙或湿锯末搅拌在一起，平摊在25～30℃的条件下进行高温催芽（在温室内效果最佳），厚度在5厘米左右，上面盖上透气的覆盖物。每小时检查温度、湿度，约15小时以后，查看发芽情况，必要时做适当翻动，有利于调整温度、湿度，使裂口整齐。在播种时，将露白的、裂口的、未裂口的分开播种。最好播后覆盖地膜，这样不仅能够保温保湿，还可提早发芽，有利于早嫁接、早成苗。

李本砧具有寿命长和适应广东本地自然条件等优点，应该是广东李嫁接育苗的适宜砧木，但在自然条件下都不会萌发。华

南李品种种子的正常胚率通常在50%～80%，野生类型可达100%
（表6-1）。华南农业大学的实验表明，华南李品种果实成熟后，
破核取出完整胚，在4～7℃条件下低温催芽1个月左右，萌发率
30%～90%（图6-1，表6-2）。

表6-1　主要华南李种子正常胚比率

品种	正常胚率
野李	100%
猪血李	100%
岭溪李	97%
从化6号	76%
瑶山李	70%
红线李	67%
白脆鸡麻李	61.4%
乳源5号	60%
云开1号	53%
兴华三华李	54%
学佬李	52%
从化三华李	46%
从早1号	66%
乳源1号	30%
早李1号	0

图6-1　云开1号种胚在低温催芽中胚根伸长生长的过程

表6-2　李种子萌发成苗比较

	从早1号	云开1号	白脆鸡麻李	从早1号×云开1号	云开1号×从早1号
胚数量/个	85	374	17	58	97
萌芽率/%	37.4	78.7	62.9	72.5	88.9
白化苗/株	0	31	0	1	16

三、砧木苗的管理

1. 间苗和定苗

幼苗出土后长出3～4片真叶时可进行间苗，尽早去掉双苗、过密的小苗、弱苗和病苗。当幼苗5～8片真叶时，可按株距12～15厘米，每亩留10 000～15 000株进行定苗。间苗时，要顺手抚平苗木周围地面和间苗后留下的苗眼，防止露根，有利于幼苗的生长。

2. 肥水管理

科学的肥水管理是培育优质壮苗的重要措施。在浇足底水的情况下，出苗前不宜浇水，更不能大水漫灌，尤其是土质较黏重的地块。此时灌水，不但出苗率低，而且苗木瘦弱，易染病。定苗前也尽量不浇水或少浇水，进行蹲苗。苗木进入迅速生长期后，可根据天气和土壤水分情况及时灌水。在苗木生长后期，应控制土壤水分，防止其徒长。当雨季苗圃地积水过多时，要及时排水，以防因长期积水，引起根系腐烂、流胶，甚至导致苗木死亡。

苗木生长前期应以施氮肥为主，以满足其迅速生长对氮素的需要；后期应追施以磷、钾肥为主的复合肥，以促进苗木组织充实。整个生长过程中，追肥2～3次即可。第1次追肥于定苗后进行，依地力每亩施尿素5～20千克。第2次在生长后期进行，每亩施复合肥15～20千克，每次追肥后要及时浇水。

3. 病虫害防治

立枯病和猝倒病是幼苗阶段容易发生的病害，尤其是在低温、高湿的情况下发病更严重，轻者缺苗断垄，重者成片大量死亡，因此，要及早防治。可在幼苗出土后对土壤消毒，选用硫酸亚铁200倍液或65%代森锌可湿性粉剂300～500倍液灌根。苗期的主要害虫有金龟子、舟形毛虫等，也要及时防治。

为了促使砧木苗加快增粗生长，便于嫁接，可适时摘去苗木顶端（摘心），摘心适期为苗木迅速生长后期或顶芽停长前，苗高在30～40厘米或在芽接前30小时左右时进行摘心。此外，萌芽后及早抹除苗干基部5～10厘米以内的芽，使其光滑无枝，便于嫁接操作。嫁接部位以上的副梢要全部保留，以增加叶面积，促进加粗生长。

四、嫁　　接

嫁接是植物的人工营养繁殖方法之一，即把一种植物的枝或芽，嫁接到另一种植物的茎或根上，使接在一起的两个部分长成一个完整的植株。嫁接育苗是李生产上普遍采用的繁殖方法。

在广东北回归线以南地区基本周年都可嫁接。在信宜市钱排镇，1月播种桃种子，在4月上旬进行芽接（图6-2），到12月苗高可达1米，粗1厘米左右，冬季可出圃定植。粤北和粤东地区通常嫁接多在秋季8月上旬—10月上旬采用枝接，成活率高，到12月下旬苗高可达1米，达出圃定植要求。8—10月或1—2月萌发前进行切接。6—7月高温高湿，嫁接后产生的新梢生长过量，常常在雨后高温晴天萎蔫死亡，主要原因是愈合部位输导组织还不健全导致水分平衡破坏。冬季嫁接宜在12月上旬至翌年1月下旬，但苗木出圃仍需到冬季，育苗周期需2年，华南地区很少采用。

图6-2　云开1号三华芽接育苗（2015年4月，信宜）

1. 接穗的准备与保存

在植物嫁接中，用来嫁接到砧木上的芽、枝等分生组织称为接穗。

（1）接穗的选择：挑选优良品种健壮、无病虫害的植株作为接穗母株。为了提高嫁接成活率和苗木质量，应选取母株上部阳面、生长势良好、节间较短、新鲜充实的幼龄枝中部饱满枝芽作接穗。

（2）接穗的剪取：一种是在生长期采集带叶的接穗进行嫁接，最好随采随用。采集时，要选择当年生的生长充实、芽比较饱

满、无病虫害的发育枝。枝条采下后要立即把它的叶片剪掉，只留下一小段叶柄，而后用湿布包好，放入塑料口袋中备用；另一种是冬季或早春嫁接，即在树体休眠期或树液刚开始流动时进行嫁接，这时都称休眠期嫁接，在晚秋生育停止后或冬季剪取不带叶的接穗（俗称硬枝条），通常是剪取树冠外围当年生的长果枝，尽量避免用徒长枝，枝条的粗度与砧木粗度基本相同，贮藏待用。

2. 嫁接方法

三华李苗的嫁接可分两个时间，一是生长期嫁接，一般采用芽接的方法；二是休眠期嫁接，一般采用枝接的方法。南方冬季嫁接宜在12月上旬至翌年1月下旬，秋季嫁接可在8月上旬—10月上旬，夏季嫁接可选择在4月中下旬。

（1）芽接：从枝上削取一芽，略带或不带木质部，插入砧木上的切口中，并予绑扎，使之密接愈合。芽接宜选择生长缓慢期进行，因此时形成层细胞还很活跃，接芽的组织也已充实。由于嫁接时期的不同及砧木离皮与否，决定了取芽片和嫁接操作上的不同。常用的有"T"形芽接和嵌芽接两种形式。

"T"形芽接：当砧木生长到一定粗度时就可以进行芽接（要求距地面5～10厘米处直径达0.6厘米）。当接芽和砧木二者都离皮即可进行，嫁接越早越好。优点是速度快、效率高。具体操作是在选定的叶芽上方0.5厘米处横切一刀，长约0.8厘米，再在叶芽下方1厘米处横切一刀，然后用刀自下端横切处紧贴枝条的木质部向上削去，一直削到上端横切处，削成一个上宽下窄的盾形芽片——接穗；然后在砧木的北边（风大的地方要选择迎风面）距地面5～10厘米处，横切一刀，长约1厘米，深度以切断砧木皮层为度，再从横口中间向下垂直切一刀，长1～1.2厘米，切成"T"形。然后用芽接刀骨柄挑开砧木皮层，将接穗插入切口中。插入时接穗的叶柄要朝上。插入后，要使接穗上端同"T"形横切口对齐，最后，用薄塑料膜条将接口包严扎紧，使芽眼和叶柄外露。

嵌芽接：嵌芽接是不受砧木与接穗枝条是否离皮限制的芽接方法，从接穗枝条芽的上方11.5厘米处下刀，自上而下，带木质部直向下平削，至芽基以下1.5～2厘米处，横向斜切一刀，即可取下芽片，宽度视砧木及接穗粗细而定。然后在砧木选好的嫁接部位，由上向下平行切一刀，深入到木质部，长度应比接穗要略长些，再横向斜切，不要全部切掉，下部留0.3～0.5厘米，宽度视接穗粗细而定。接着用切好的芽片插入砧木切除的基部，芽片的顶部或芽片的一侧与砧木的顶部或一侧对齐，即形成层对正，用嫁接膜从嫁接部位的底部自下而上每圈相连进行严密绑扎，防止水分蒸发和因雨水流入影响成活。

（2）枝接：用植物的枝条作为接穗的嫁接方法，多用于春季树液开始流动，皮层尚未剥离时或接穗开始萌动前的一种嫁接方式，它的优点是成活率高，接苗生长快，但比较费接穗，要求砧木较粗，常用的方法有切接、劈接和腹接，下面具体介绍切接。

切接：首先处理砧木，用枝剪在离地面5～10厘米处将砧木剪断，剪口要平整，选树皮较光滑一侧进行切接。然后用嫁接刀在砧木的断口稍带木质部垂直切下，切入的长度应稍小于接穗的大削面的长度；接着处理接穗，接穗最好随采随用，选择饱满健壮的枝条，用嫁接刀先将接穗下部的一面削成长3厘米左右的大斜面（与顶芽同侧），在另一面削一个长约1厘米的马蹄形小斜面，削面必须平整，再剪成有2～3个饱满芽的小段，每段的长度6～8厘米，然后迅速将接穗按大斜面向里、小斜面向外的方向插入切口，使砧木与接穗的形成层对齐贴紧，如果接穗较细，则必须有一边的形成层对准，然后用嫁接膜严密绑缚好，在捆绑时不要碰动接穗，以免形成层错位而降低了成活率。

五、嫁接苗管理

1. 成活检查

芽接后15～20天检查成活率，凡是接芽新鲜，叶柄如轻触即落者，说明已成活；相反，若叶柄不落，芽体干缩或变黑的，则表明没接活。枝接苗一般在30天后检查成活情况，成活的接穗皮部保持青绿色，芽开始萌动；未接活的接穗皮部皱缩干枯。对未接活的应及早进行补接。

2. 解绑

不论是芽接还是枝接，在接穗成活之后，都要适时将嫁接膜解开，以利于接穗的生长。枝接苗在不影响接口加粗生长的情况下，解绑宜晚不宜早，可在接穗抽枝并进入旺盛生长后进行。解绑过早，影响接口愈合和接口的牢固性；过晚影响苗木的加粗生长和苗木的牢固性。

3. 剪砧和除萌

芽接、枝接（腹接、插皮接）等不断砧的嫁接苗，当接穗成活后要及时断砧，也就是把接口上面的砧木剪掉，避免其给接穗成长造成影响。在剪砧时，剪口的部位在接口上方0.5～1厘米处，刀刃面对接芽一侧，剪口要平滑，使之呈接芽一侧高，另一侧稍低的斜截面，如此有利于剪口愈合。

芽接苗剪砧和枝接后，砧木上均会发生很多萌蘖，处理不及时会影响接芽萌发和生长。枝接的接芽常可抽出几个枝条，应选择直立且位置低的健壮者留下，其余的根据方向和空间大小决定去留。

4. 肥水管理

为确保苗木正常的生长发育，要注意嫁接苗的肥水管理，及时清除杂草，疏松土壤，减少与苗木争夺养料。嫁接苗生长前期主要以施氮肥为主，可每亩施尿素5～10千克，以促进苗木快速生长，后期则控制氮肥和水分，避免徒长。嫁接苗生长期间易受到红蜘蛛、金龟子、卷叶蛾的危害；在湿度大时易感染一些真菌性病害，如穿孔病，要加以防治。

六、苗木的分级与包装

为提高苗木栽植成活率、定植后苗木生长度及便于苗木的包装和运输，苗木起出后，应按照相应的苗木标准分成等级，一般分成2～3级。

1. 苗木的出圃与分级标准

嫁接苗木在落叶后即可出圃，提前2天将苗地灌透水，逐行顺次深掘挖起，轻敲去泥土。用黄泥浆根后用稻草或薄膜包扎保持湿润。起苗时应尽可能保持根系的完整，避免苗木受到机械损伤。出圃的苗木应符合以下要求：A.砧穗接合部愈合良好，无裂口；B.根系发达，主、侧根3个以上，无根癌病；C.无明显的机械损伤，无流胶病和其他病害；D.冬接苗要求主干茎粗0.9厘米、高80厘米，秋接苗要求主干茎粗0.4厘米以上、高50厘米；E.品种纯正。

苗木的分级标准，如表6-3所示。

表6-3　苗木的等级与质量标准

苗木等级	主干高度	主干粗度（嫁接口上5厘米）
一级苗	100厘米以上	0.8厘米以上
二级苗	70～100厘米	0.6～0.8厘米
三级苗	70厘米以下	0.6厘米以下

2. 质量检验与检疫

出圃前应经市级以上农业主管部门田间检验及植物检疫部门检疫，无植物检疫对象，出具苗木质量合格证明书及植物检疫书。

3. 苗木包装与运输

需要远途运输的苗木，起苗后按苗木大小每20～50株一捆，将苗捆扎紧，一般根部、中部和梢部各扎2匝，然后将根部填充潮湿的锯末、木屑、稻壳、碎稻草等材料或涂以泥浆，再用包装材料进行包裹。包装材料可以就地取材，一般以廉价、轻质、坚韧保湿者为宜，如草袋、蒲包等。

每捆均要挂上标签，注明品种、数量、等级、出圃日期及育苗单位等。在运输途中，要避免根部失水，影响苗木成活率。长途运输时，应尽量缩短运输时间，如发现途中失水，应及时喷水保湿。

七、整形修剪

在华南地区，春夏梢通常在11月上旬（立冬）落叶，其整形修剪最佳时间是在11月中旬—12月中旬。太早时树体未进入休眠，太迟时花芽已萌动。

1. 树形

三华李为落叶小乔木，可以通过一定的整形技术，使树体规范化。生产中常见的树形有自然圆头形、自然开心形、延迟开心形、疏散分层形及近年来国外使用的篱壁形整形技术。常见的李树形为自然开心形。

自然开心形特点：干高40～60厘米，无中心领导干。全株有主枝3个，每个主枝上有侧枝3～4个，在定植当年定干；第2年从所发新枝中选3个生长健壮、角度适宜、分布均匀的枝条为主枝；各主枝的第1侧枝距主干最少保持50～60厘米，然后于第1侧枝的对面50

厘米处，选留第2侧枝；其他每隔50～60厘米，再留侧枝1～2个。

三华李成枝力较强，其主枝基部不易光秃，选用这种树形树冠开张，通风透光，树体修剪量小，成形快，结果早且品质好，是一种比较好的树形。这种树形适用于长势中等、角度较开张的品种。

2. 幼树的整形修剪

幼树以整形为主，在整形时，以轻剪缓放为主。苗木定植好后，可按上面已介绍的树形选留培养主侧枝。在完成整形的同时，要注意平衡树势，维持各级骨干枝的主从关系。

长势旺的骨干枝应采取开张角度、拉枝、减少枝量，多采用疏枝、拉枝、摘心等措施。适当轻剪，以缓和树势。长势弱的骨干枝应采取增加枝量，抬高角度，多疏少截等措施。

三华李枝条节间短，枝、芽数量较多，新梢易丛生，修剪时应以疏间为主，疏除密挤枝、重叠枝、病虫枝、徒长细弱枝等。春季除萌1～2次，及时抹去多余枝芽；夏季及时疏除过密新梢；冬季对于细弱密枝仍以疏除为主。

三华李枝条顶端优势明显，幼树期先端易抽生长果枝，而中、下部抽生的枝条长势较弱，因此，要多采用摘心、拉枝的措施。培养枝组时采取短截或缓放的方法，对于徒长枝要拉平，中、长果枝要缓放，注意去弱留强，使短果枝和花束状果枝轮流结果。

三华李萌芽力、成枝力均较强，短果枝、花束状果枝较多，故修剪时应以疏剪为主，短截为辅，适量疏剪长势较旺的发育枝和密挤的中、长果枝；调整花量，充实花芽，提高坐果率。对于1年生发育枝适当短截，长度在30厘米左右的枝，可剪去7～8厘米；中等长枝如20厘米左右可剪去1/3左右；在延长枝的顶端一般可分生多个新梢，修剪时可仅留一个角度较开张的新梢作为延长枝用和一个新梢作为侧枝用的枝就可以了，其余的均除去。

3. 成年树的修剪

三华李进入盛果期，因结果量的逐渐增加，枝条生长量逐渐减少，修剪应随之加强，力求结果和生长保持平衡。可采用骨干枝换头的办法控制树体大小，调整先端角度，维持适宜长势，延长盛果年限。

对于主、侧枝枝头的选择应选着生角度好的。对于生长势较强的枝实行连续短截的方法；上层枝和外围枝等生长势较旺应去旺留壮、疏密留稀；对下垂枝、重叠枝、交叉枝进行适当的回缩和短截；对占有空间的斜生枝也应短截；对保留的中庸枝，可缓放不剪。主、侧枝上的花束状果枝和短果枝，如果数量过多，影响树势，要多疏间，尤其是衰老的大型结果枝组，采取适当的回缩更新的剪法，或去弱留强，保留一定数量的健壮的结果枝组。

有些品种进入盛果期后，生长过旺，而产量很低。若是由于修剪过重造成的，应减轻修剪程度，采用疏除密生枝，少用短截的修剪方法。若是因为结果过多，导致树体衰弱，养分不足，新梢生长量小且衰弱，果实很小，出现大小年现象，应加强修剪，同时增施肥水，促进营养生长，以恢复树势。

有些品种进入盛果期后，生长势下降，枝条下垂，在进行回缩或短截枝条时应注意选留上枝或上芽，提高角度，防止衰弱。对于成枝力弱的品种，中、长枝坐果率高，但萌芽、成枝力都很弱，结果后枝条下垂，对这类树要多采用短截的修剪方法，达到交替结果。

在信宜市钱排镇，管理好的果园（图6-3），新梢直径在1～1.2厘米，长度在1米以上，修剪时通常回缩到20～30厘米，即可为翌年的大果形成打下基础。

图6-3　云开1号三华李修剪后的树形（2017年12月，信宜钱排镇）

4. 衰老树的修剪

三华李树龄20年（缺乏管理时）至30年（管理良好时），进入衰老期。主要表现在：主、侧枝衰弱，先端下垂；延长枝生长量小；大枝组生长势衰弱，中小型枝组大量衰亡，膛内和中下部出现光秃现象，全树总枝量减少且中、长果枝比例减少，短果枝、花束状果枝比例增多，产量下降。应及时对主、侧枝进行回缩更新，对老枝组也需适当回缩，更新骨干枝，利用内膛的徒长枝和长枝，来更新树冠，维持树势，通过合理修剪，加强肥水，保持一定产量。

　　应当注意，衰老树骨干枝缩剪程度要比盛果期重，在回缩时要保持主、侧枝的从属关系，且进行逐年回缩，最终缩剪到5年生部位。但回缩强度不能太大，回缩的同时留预备枝，疏除细弱病虫枝，使养分得以集中。老树更新的同时，加强土肥水的管理，做到更新、复壮统筹兼顾。

第七章
成年树管理

成年三华李树，其年生长周期可分为开花结果期、新梢伸长与果实生长期、树体恢复与休眠期等3个时间。在华南地区，开花结果期通常是1月下旬—2月中旬；此后是新梢伸长与果实生长期，时间因品种而异，通常3月—7月上旬，早熟品种在5月中旬结束，三华李类品种到6月下旬—7月初，榛李类可到7月中旬结束。年生长发育阶段不同，其管理技术也就不一样。

一、开花结果期及其管理技术

（一）开花期早晚及其后的生长发育

1. 开花期的早晚

三华李开花条件与地理、气候和品种有关。在广州，1—2月气温变化直接影响开花的早晚，特别是1月的气温高低。1月气温高的年份开花早，低的年份开花迟。据华南农业大学李课题组在2003—2018年对学校果园中的李观测，三月李等早熟品种始花期最早年份一般在1月5日左右，迟的年份在1月15日；华蜜大蜜李等三华李类品种始花期最早年份一般在1月25日左右，迟的年份在2月5日；由北方引种品种始花期比三华李类品种迟7～15天，遇暖冬（<7.2℃时间在50小时以内）时则出现成花逆转而不开花。

中国李开花期的平均气温8～13℃。一般中午气温在20℃以上持续几天，花蕾就会渐渐膨大并开花。因地理差异，李的始花期由南到北逐渐推迟，黑龙江的始花期已至4月底。

在同一地区，一个品种的开花期长短虽被当年的气象条件所左右，通常10～15天，天气不好的年份有时持续20天以上。

一朵花的寿命（从开放到花瓣脱落）是10～12天。同一株树上，短果枝（花束状短果枝）上的花先开，长果枝上的花后开。此外，1年生枝上，枝先端的花先开，越往枝条基部的花开放越晚。

2. 品种与开花期的差异

一般中国李比欧洲李开花早，相差7～10天。即使是中国李品种，品种间也有差异。越暖和的地区，品种间的差异越大，在广州市从化区吕田镇三村从12月底（苦李）至翌年2月上旬（从化三华李）都有；越寒冷的地区，品种间的差异越小。另外，同一地区，海拔每相差100米，花期相差3天左右。

3. 开花期的差异和果实的发育、膨大

一般认为，李开花的早晚对其后的果实发育、膨大或新梢伸长的影响不大。

榇李（Kelsey、ケルシー）从开花到成熟要140天，开花晚的翠玉品种为95天（表7-1）。这样来看，与其说开花的早晚很少与果实发育和膨大直接相关，不如说有很大程度上被受精后到成熟期的气象条件所左右。

表7-1　李的成熟所需时间

按成熟期分类	时间/天	品种
早熟品种	≤95	从早1号、三月李、串珠李、大石早生
中熟品种	96～120	云开1号三华李、华蜜大蜜李、白脆鸡麻李、兴华三华李、瑶山李
晚熟品种	121～140	岭溪李、太阳李
极晚熟品种	≥141	榇李

（二）影响结实的因素

1. 自交亲和与自交不亲和

一般来说，如果花粉和胚珠发育完全，植物同一品种（或同一种类）个体间相互授粉就能受精、结实。

但李同品种花粉在柱头上有的不萌发；有的即使萌发，花粉管也会中途停止伸长，或者伸入子房后在胎座处停止而不受精。这种现象称为自交不亲和，而同品种授粉后结实的称为自交亲和。据报道，欧洲李有自交受精能力；中国李虽花粉多，但自交不亲和的品种较多。三华李类品种具有一定的自交亲和性。

2. 交配亲和与交配不亲和

品种间或种类间进行交配时，有的品种间很容易受精，有的品种间则完全不可以，有些品种则介于两者之间。这是由相互的亲和力引起的，把品种间或种类间不能受精称为交配不亲和，而把相互间不能受精和结实的称为相互不亲和。李栽培品种多为自交不亲和品种，确保结实是栽培的首要任务（条件）。另外，如要实现优质高产，就必须混植交配亲和性高的授粉树。20%左右的授粉树是适当的，但也因产地条件而异。

三华李、三月李自花授粉良好。单一品种栽植时，结实率与混植时并没有明显差异。

3. 开花期的温度与结实

三华李开花较早，因此，容易出现冻霜害。

如果是正常花，三华李的受精是落在柱头花粉发芽之后48小时，有50%～72.6%伸入子房内，可观察到结实。因此，如果授粉后2天内的天气好，其后的天气无论多坏，都很少影响结实。

三华李收成的丰歉在很大程度上受开花期的气温影响。授粉后的最高气温如果都是20℃以上的天气，结实率就会很高；如果是15℃以下，结实率就会下降。因此，人工授粉应该选在无风的温暖天气进行。

2018年1月14日—15日，正值广州市从化区的三月李花期和三华李现蕾期，从化吕田镇三村一带，连续2天大霜，一些山塘水面都有薄冰，虽中午气温可达15～18℃，但花受冻后呈水渍状，成年树平均株产2～3千克。

4. 花粉的寿命与雌蕊的受精能力

花粉对温度和湿度等敏感，并直接影响其发芽力。关于三华李花粉的寿命，虽有人认为其发芽力可保持10年，但很少有实验证明。

三华李花粉的贮藏方法还不明确，但在栽培上如要高效地利用花粉，花粉贮藏就是重要的课题。现在一般的处理方法是把花粉放在塑料或玻璃瓶中放进5℃冰箱，可保存2个月。

雌蕊的受精能力是集中在花开放前4天至开放后7天。花的寿命如果以从开放到花瓣脱落来算，大概为10天。柱头变干并呈茶褐色时花瓣马上就将脱落，可以认为受精能力就是在这个时间之前。

一般来说，开花当天起受精力高，开花5～6天时达到最高，花瓣将要脱落时已失去能力。开花日不同时，开花越晚的花结实率越高。

（三）保花保果

1. 人工授粉的方法

（1）直接用花授粉：一般花开放后2～3天时，花药的中央部破裂，黄色的花粉粒从中散出，包围着花药，这一过程称为开药。摘取开药的花，拿着果梗，向预计坐果位置的花轻轻地敲打2～3次

授粉。

这种方法能确保结实率高，但也有下列缺点。A.操作效率低，花费时间长；B.一朵花只能授粉5～6朵，作业面积大时实施起来有难度；C.开花后的天数（可授粉受精的时间）是有限的，不能长期交配；D.开花当日的花或开花几天的花花粉飞散会失去授粉效果。

（2）采集花粉，用毛刷授粉：采集即将开放至开花2～3天的花，在避免阳光直射的温暖处薄薄摊开让其开药，然后放入塑料袋，用毛刷蘸上花粉，向坐果预定位置的花授粉。

与直接用花授粉方法相比，本方法效率高但受精率较低，用毛刷蘸一次花粉能授粉50～60次。最大的缺点是必须准备大量的花。

（3）花粉采集和授粉的方法：采集即将开花或开花当天的花，把花瓣和花药分开，再进行人工开药，用毛刷等进行授粉。这一方法广泛采用。

①花的采集。采集时注意下列几点：A.树势不同，一朵花中的花粉含量或发芽力也不一样。树势弱或失管树上的细弱枝的花常是不完全的花，作为授粉公树是不适当的；B.与在树上自然开花的花比，用剪枝（培养）等人工促进开花的花，其花粉数量没有明显差异，但发芽率仅1/3。

②花瓣与花药的分离。花瓣与花药的分离一般使用筛子。将采集的花过筛以分离花瓣与花药。如果一次的量过多就很难分离，但这是最简易的方法。

最近市场上出售的花药采集器效率高，被广泛使用。投入器内的花能被分成花瓣、花药+花丝，再过一次筛就可将花丝和花药分开。

使用时要注意：如果过筛时间过长（6秒以上），花瓣的水分飞散出来会附着在花药和花丝上，不仅会使后续的花药、花丝难以分离，还会增加开药时间。因此，最好先将采摘的花摊在纸上，让其干燥一定时间后再放入采集器中处理。

③人工开药。通常开药温度在室温10℃下10小时后即可分离80%～90%的花粉。

使用开药器时的最适温度20～21℃，12小时左右几乎全部开药。为促进人工开药，有时是加温处理，但有实验显示35℃下处理3小时后发芽率为55.2%，经过6小时后降低15%。因此，要重视开药处理时的温度管理。

此外，开药时还要注意：花药在黑色纸上要尽量摊薄，使花粉容易分离；要减少开药器的开闭次数；购入的开药器要在35℃下放一天后才使用。

2. 人工授粉的程度

授粉选在温暖的天气进行，没有必要对整个树体普遍进行授粉。以预定坐果位置的花为主体，最好以比预定坐果数据多20%～30%的比例进行授粉。

授粉的方法：A.朝上的花易受霜害，要选朝侧面或朝下的花；B.树体上部的枝结实较少，而下部的枝受霜害时树势容易增强。若考虑到这一点，应该对树体上、下部枝的花特地多授粉。

3. 访花昆虫与授粉

三华李不是风媒花，而是由昆虫传粉。套袋试验表明，在阻止昆虫访花时收获率仅0.3%，而允许昆虫访花时可达3%～19%。因此，昆虫传粉的效果大。但实际上若开花期低温或农药杀虫，会使访花昆虫减少，单纯通过自然授粉确保结实是很困难的。

（四）冻害、霜害及对策

霜害常发生在被山包围的盆地，或者是白天温暖，夜里温度急剧下降的大陆性气候地区。一般被从北方来的移动性冷高压覆盖

时，或者是伴随着冷锋降雨的2～3天后白天感觉有刺骨北风吹，晚上静风，下半夜星空闪烁时容易结霜。气象观测显示，在上述情况下，2天最高气温15℃以下，晚上6:00的气温在12℃以下时，结霜危险性高。

三华李的歉收可以认为是始花至落花期间的低温使雌蕊枯死或妨碍了花粉发芽和伸长，不能完全受精所致。

霜冻害的临界温度：花瓣开始着色的花蕾期是-5℃、正在开放的花是-2.7℃、幼果期是-1.1℃。花蕾时比较耐寒，始花时较弱。华南地区的原产品种冻害的临界温度要高1～2℃。

防止霜害有燃烧法（重油、旧车胎、煤油、柴等）和洒水法，此外还有防止高层空气下沉的吹风法。花期遇到霜冻时，即使很轻也会感到有受灾的危险，可以考虑再一次授粉。

二、新梢伸长和果实生长期及其管理技术

（一）新梢生长的类型与树势

新梢伸长因树体营养状况、修剪强度和肥水管理水平而异。树势强弱通过观察新梢萌发、伸长生长、着色等来判断。通常新梢发生整齐、生长旺盛时，树势强；反之，抽梢少而不整齐时表现出树势弱。

树势过强，短果枝（花束状）着生少、生长旺盛的新梢发生量增多，花芽不饱满，产量下降，1年生新梢枝粗1～1.5厘米、长达100厘米。树势弱时产生的新梢细，多为短而弱的枝，1年生新梢枝通常粗0.4～0.6厘米、长30～50厘米。新梢的发生、枝密度和短果枝着生方式等因品种而异，特征明显。

树势强是幼树常见的现象，重修剪和氮肥过多也容易引起。

通常主枝和亚主枝顶芽附近，容易发生旺盛生长的副梢。另外，从侧枝和粗枝弯曲部或树干上的隐芽、不定芽发生得较多，若放任生长则会成为徒长枝。这些新梢粗、节间长，而且叶也大。

无论哪个品种树势弱时都会新梢伸长短、细枝多而下垂。常常花芽坐生多而小，花器也小。叶虽然因品种稍有差异，但都会卷向内侧，叶色带黄。

（二）落果现象及其防止对策

三华李的生理落果可分成3个高峰。第1次在开花刚结束时发生，第2次是开花后2～4周发生，第3次是在第2次结束3周后发生。

1. 第1次落果（落花）

由于花器官不完全、受精能力丧失而不发生受精所导致的落花，通过观察花器官就可判断出来。即使看起来花器官外观与完全花相同，却是内部或者雌蕊退化，或者柱头变成了茶褐色。

这种现象常是由前一年花芽分化期后的营养不良引起。有些是因为结果过多、叶早落或抽发秋梢等引起的花芽不充实或发育不完全；有些是因花过多引起的相互生存竞争而产生的；有些春季低湿干燥使花器官受损而成为不完全花。

第1次落果的比例因品种而异，从20%～60%不等，大部分品种为40%～50%。

2. 第2次落果

开花后约20天，果实约火柴头大小（约2毫米）时，果实和果梗黄化同时落果。

其落果原因：花粉不能授到柱头上；即使授粉，也由于天气不适合导致花粉不发芽；即使发芽花粉管也会中途停止生长而不能到

达胚珠、不能受精。

像中国李这种自交亲和性低的品种，如遇开花期低温且传粉昆虫少时常发生。

3. 第3次落果

有些品种落果会持续到采收前。一般发生在果实从大豆大小到乒乓球大小时。

它是受精的果实之间或果实与枝叶之间发生养分竞争，引起养分分配不均匀，导致胚发育不良、死亡，从而发生落果。

树势极弱时也会发生第3次落果，但一般都是因为强修剪使营养生长过旺，即所谓的氮素过多引起的。

4. 防止落果的对策

（1）第1次落果的防止：通过疏花保持适当的坐果量，注意肥水管理，保证树体健全和花芽充实。

（2）第2次落果的防止：通过交配亲和性高的品种授粉，或配制20%授粉树等来提高受精率。开花期遇到低温、强风和阴雨天等气候恶劣条件时，可通过人工授粉提高受精率。

（3）第3次落果的防止：此次落果与新梢生长和果实（胚珠）膨大有很大的关系，因此，旺盛生长持续的徒长枝或长果枝要摘心和引枝抑制树势。另外，防止氮肥迟效也很重要。

（三）适当坐果与疏果

1. 疏果目标

过剩的坐果不仅降低果实的长大和品质，还会过多消耗树体内的养分，削弱树势。与其他果树一样，疏果应在早期进行，以增大果实、增加整齐度、改善果色和提高含糖量。

一般核果类疏果分预备疏果（第1次疏果）和终极疏果（第2次

生活习性｜春尺蠖一年发生1代，以蛹在树冠下土壤中越夏、越冬，越冬蛹羽化时期与土壤温度和湿度等因素密切相关。初孵幼虫有向上爬行习性，在枝梢上取食寄主的芽苞及嫩叶，在食物缺乏时会主动吐丝下垂，借助风力进行迁移。老熟幼虫在树下较松软的土壤中或枯枝叶黑暗处化蛹，蛹主要集中在树冠下表土内10～20厘米处越冬，蛹的深度常与土质及土壤含水量有关，以低洼地段和向阳面蛹数量最多。

防治措施｜①果园秋翻灭蛹。②人工清除产在树皮裂缝和墙壁裂缝中的卵堆，或在环绕树干塑料薄膜带下方，绑一圈草绳引诱雌蛾在其中产卵，自成虫羽化之日起，每半月换1次草绳，换下后立即焚烧，更换3～4次即可。③适时用药。掌握在卵孵化前后的关键时期施药，可喷洒20%氰戊菊酯乳油1 500倍液，在3龄前幼虫喷洒52.25%氯氰·毒死蜱乳油（农兴）1 500倍液，或10%二氯苯醚菊酯乳油、2.5%溴氰菊酯乳油、20%杀灭菊酯乳油4 000～6 000倍液，或50%杀螟硫磷乳油、90%巴丹可湿性粉剂各1 000～1 500倍液等。

5. 李实蜂

李实蜂（*Hoplocampa fulvicornis* Panzer.），又名李叶蜂或李实小蜂。

为害特点｜该虫以幼虫蛀入果内为害。受害果豌豆粒大小，比正常果小，果上有一稍凹陷的小黑点或黑色小孔，因为果核和果肉被食空，用手轻捏受害果实，会发出破碎的声响。受害果逐渐脱落，有些不脱落的受害果，则呈干瘪状留在树上。为害轻时，剩下少量果实，导致减产；为害重时，造成绝收。

发生规律｜李实蜂一年发生1代，以老熟幼虫在土壤内结茧越冬，其休眠期可达10个月之久。3月上中旬李树萌芽之时，李实蜂开始化蛹，在李树开花时成虫羽化，在晴天温度高，特别是11:00—16:00成虫活动频繁，成虫在树冠上空约1米处群结飞翔或停

留于花内取食雄蕊花粉，早、晚和阴雨天静伏于花中或花萼下。卵多产于花托和花萼的表皮下组织内，以花托上产卵最多。幼虫孵化后，由花托或花萼上向外钻出，再蠕行花内，蛀入幼果的核部。每个幼虫只危害1个果，无转果为害习性。到5月中下旬，幼虫渐进入老熟期，从果实中部或上部咬一圆孔脱离李果，吐丝下垂到地面，或随被害落果坠地，再脱果入土，在树冠下的土面上爬行，选择裂缝或土块下结胶质茧，开始休眠越夏、越冬，入土深度一般3～10厘米，到翌春继续繁殖为害。

管理粗放、修剪不及时、没有及时摘除检虫果的果园发生重；花开早或开晚的李树品种发生轻；开花期没有及时用药防治的果园发生重；果园内杂草丛生，果树枝繁叶茂，通风透光条件差的果园发生重。

防治措施｜①深翻树盘。秋、冬季结合施肥对果园特别是树盘下的土壤进行深翻，深度要在15厘米以上。②加强果园管理。科学修剪，合理施肥灌溉，同时要及时剪掉树上的病虫枝，清除落在地上的虫果、树冠下的杂草、枯枝落叶，并将清除物运出园外集中烧毁。③覆盖地膜。在李树花前用专用塑料膜覆盖地面，阻挡羽化的成虫出土。④土壤处理。在越冬代成虫羽化出土前（在李树开始萌动时）在树冠下喷药。用50%辛硫磷乳油每亩用500毫升与细土15～25千克混合，均匀撒在树冠下面，也可用4%敌马粉剂，每株成树100克，对细土后撒于树冠下面，然后轻耙表土。⑤涂环防治。盛花期为保障李正常的授粉、受精和果实的生长发育，可用40%氧化乐果乳油5倍液涂环防治。⑥树上喷药。花前（花蕾处于露色期、个别单花开发）和花后（花基本落完时）是防治李实蜂的最佳时期。花前用药可以防止成虫产卵，花后喷药阻止幼虫蛀果。花前可选择20%杀灭菊酯乳油2 000倍液、80%敌敌畏乳油1 000倍液或48%乐斯本乳油1 000～1 500倍液，落花期可选用4.5%

高效氯氰菊酯乳油2 000倍液，或10%吡虫啉可湿性粉剂2 500倍液，或5%氟虫腈悬浮剂1 500～2 000倍液，或1.8%阿维菌素乳油4 000倍液。

6. 天牛

为害李树的主要是桃红颈天牛（*Aromia bungii* Faldermann）、桑天牛（*Apriona germari* Hope）、苹棍天牛（*Saperda candida* Fabricius）和梨眼天牛（*Bacchisa fortunei* Thomson）等。

为害特点 | 大部分以幼虫蛀食树干或主枝，少数蛀食根系。为害树干时，先在树皮下蛀食为害至第2年，虫体长大后蛀入木质部为害，深达枝干中心，蛀成弯曲的孔道，蛀孔外堆有红褐色锯末状虫粪，造成树中空心，影响水分和养分的运输，使树势衰弱，以致枯死。

生活习性 | 以桃红颈天牛为例，每2～3年发生1代，以不同虫龄的幼虫在枝干蛀道内越冬，一般低龄幼虫在皮下，高龄幼虫在木质部内。翌春幼虫恢复活动，6—9月成虫羽化，以7—8月为盛发期。幼虫经过2个或3个冬天老熟，在蛀道末端先蛀羽化孔但不咬穿，用分泌物黏结木屑作室化蛹。幼虫期23～35个月，蛹期17～30天。

防治措施 | ①结合冬季封园，选择"松尔膜"、石硫合剂等进行树干涂白，防止成虫在树皮裂缝、空隙中产卵。②熏杀幼虫，诱捕成虫。在4—5月幼虫孵化期加强果园检查，发现树干有新鲜虫粪时，用铁丝钩挖蛀入木质部的幼虫或在虫孔内塞入蘸有50%敌敌畏乳油的棉花球，用黏泥堵住孔口熏杀幼虫。在6—7月成虫发生盛期，利用成虫的假死性，进行人工捕捉。③化学防治。成虫发生盛期和幼虫刚刚孵化期，在树体上喷洒5%氯虫苯甲酰胺悬浮剂5 000倍液或52.25%氯氰·毒死蜱（农兴）1 500倍液防治。

7. 吸果夜蛾

吸果夜蛾主要为害果实，种类以嘴壶夜蛾（*Oraesia emiarginata* Fabricius）、鸟嘴壶夜蛾（*Oraesia excavata* Butler）和枯叶夜蛾（*Adris tyrannus* Guenee）为主。

为害特点 | 成虫以口器刺入成熟或即将成熟的果实内吸食汁液，果肉失水呈海绵状，用手指按压有松软感，以后变色凹陷，容易脱落；也有的果实在被害处形成一个硬块。果实受害轻者变形变质，不耐贮存，且采前不易发现穿刺孔，易造成运输中腐烂；受害重的腐烂落果，失去食用价值。

生活习性 | 吸果夜蛾一年发生多代，幼虫在果园内很难找到，主要是在果园周围的藤本植物上取食叶片。成虫多在黄昏时飞出为害，用口器穿刺果实吸食汁液，多吸食树冠中下部果实，特别是天气闷热、无风、有月光的夜晚，可以通宵为害。

防治措施 | ①清除通草、木防己等幼虫寄主植物，压低虫口密度，减少幼虫藏匿的场所。②灯光诱杀和驱避。在果园中按每亩2盏40瓦黑光灯设置诱杀成虫。③化学防治。采果前20天喷5.7%氟氯氰菊脂乳油1 500倍液，或20%灭幼脲（抑丁保）悬浮剂1 000倍液，对吸果夜蛾有良好的驱避和拒食作用，且药效持久，喷一次药，可维持20天左右，但采果前3周应停止使用。

疏果）2次。李因果小、采收期早，因此，生理落果少的品种应把重点放在第1次疏果上，第2次要轻。

坐果好的品种，果实大豆大小（谢花后约1个月。广东在3月下旬—4月上旬，长江流域在4月下旬—5月上旬）时进行第1次疏果，第2次疏果在谢花后50～60天（广东在4月下旬—5月上旬，长江流域在5月下旬—6月上旬）进行。但是，对于槟李等生理落果多的品种应该在确认果实坐稳了才进行。另外，在幼果期季风强劲的地方，幼果与幼果、叶之间容易相互摩擦，要考虑果实之间的距离，以减少伤果。

2. 疏果方法

保留具有该品种特征的正常果实，摘除虫害果、伤果、畸形果。虽然通常是根据果实的形态来决定疏除的果实，但纵径长的果实以后膨大得快，比较容易发育成大果，因此，纵径比横径长的大果都要留下。

朝上坐生的果存在着下列缺陷：容易受风害、果实膨大时易产生机械性障害、着色不均匀美观等。因此，保留侧生可向下生长的果。

疏果的程度因品种、树势、修剪强弱或肥水管理而异，不能一概而论，通常以维持一个果所需的叶数为基准。

（四）套袋

三华李果小、采收期早，一般认为没有必要套袋。但近年来，由于小食蝇危害日益严重，加上一些品种裂果严重、着色不均匀等原因，因此，对大果型品种可以通过套袋来解决这些问题。但华南地区绝大部分原产品种果实较小，套袋工作量和成本过高，很少为生产者接受。但对槟李这类果重在100克以上，成熟期在6月下旬以

后的品种，应该考虑果实套袋。

三、树体恢复与休眠期（秋冬季）的管理

树体的生长发育所需的有机物质都是依靠光合作用，而叶是光合作用器官，秋季气候条件适宜，叶片完全成熟，叶片光合速率最高。华南地区正常落叶是在11月下旬，但管理不善的李园，由于营养不良、树冠郁闭、干旱、积水、药害、负荷过大、病虫害等原因，采收后不久的7月下旬就开始落叶，至9月中旬春梢上的叶几乎全部脱落。李叶片早衰早落会导致树体营养贮备降低，使花芽分化及翌年萌芽、开花、坐果和幼果发育受到极大影响，新梢少而弱，病害重，果实小而品质劣化。因此，加强果园管理，防止叶片早衰早落，是一些高产优质果园的基本前提。

1. 加强土肥水管理

加强土肥水管理，改善根际生态环境，提高园内土壤有机质的含量，改善土壤通透性和理化性状，进而促进根系养分吸收，提高树体营养水平，培养健壮树体；同时实行配方施肥，忌偏施氮肥，增施磷钾肥和微量元素，提高光合作用，控制过旺树势，增加树体贮存营养，提高树体抗病虫能力。

2. 整形修剪

主要通过修剪等措施，建立通风透光的树体结构，提高光能利用率。重点疏剪下垂冗长枝、内膛徒长枝、直立枝、重叠枝、交叉枝、病虫枝、细弱枝，采用提高树干高度，减少大枝数量及分枝级次，开张骨干枝角度，加大层间距，中心干落头开心等方法，改善果园通风透光条件，增强叶片的光合效能，改善树体营养。

3. 合理灌溉

华南地区秋季易出现干旱，应做到适时灌溉。台风雨时低洼处注意排水，防止积水。

4. 适时防治病虫害

炭疽病等叶部病害是引起李早期落叶的主要病害，由真菌引起，7—9月为盛发期。防治这些病害，须及时清除园内的枯枝、落叶、杂草，刮除翘皮，并集中烧毁或深埋，以减少病虫源，压低病虫源密度。对早期落叶病，在萌芽期喷施5波美度石硫合剂，铲除初次侵染菌源；5月下旬—8月下旬，交替喷施石硫合剂、石灰倍量式波尔多液、多菌灵等，每隔20天左右喷1次。对于因根部病害引起的早期落叶，可以在秋季结合扩穴施肥时，向树盘或树穴施用石硫合剂、多菌灵或哈茨木霉菌等药剂。

第八章
施肥及花果管理

一、施肥管理

土壤是果树生长和结果的基础，是水分和养分供给的源泉。土壤深厚、土质疏松、通气良好，则土壤中微生物活跃，就能提高土壤肥力，从而有利于根系的生长和对肥水的吸收，对生产高档的优质果品有重要意义。施肥管理就是根据作物的需肥规律、土壤供肥性能和肥料效应，在合理的施肥时期，使用科学的施用方法进行施肥，实现各种养分平衡供应，满足作物的需要，最终达到提高肥料利用率、提高作物产量、改善产品品质和培肥地力的目的。

1. 南方果园土壤特点

首先，南方可种植的果树种类多，特别是近年来种植区域的不断扩大与调整，目前南方果树既有种植在山地、丘陵、河滩等地的，也有利用水田进行种植的，使得南方果园土壤呈现多样性的特点；其次，由于南方果树地处高温多雨的热带、亚热带，土壤中有机质分解快，养分流失也快，加之果园施肥管理不当，原有土壤养分很快被吸收和消耗，导致南方果园土壤表土层浅薄、沙化严重，土壤多呈酸性或弱酸性，养分含量低，土壤氮、磷、钾等供应不足。在微量元素方面，土壤有效锌、铜、锰等明显缺乏，总体表现为酸、浅、瘦瘠，易板结，水土流失快的特点。

2. 需肥规律

李树在不同生长季节对养分需要不同，果树在一个生长周期的发育中，前期以氮为主，主要完成根系和树冠骨架的发育，中、后期以钾为主，磷的吸收在整个生长季比较平稳。前期开花坐果、幼果发育和生长需要大量的氮，4—5月新梢生长达到高峰，氮的吸收量也达到高峰。花芽分化和果实膨大期，钾的需要量增加，并在果实迅速膨大期达到高峰。不同时期对于肥料的品种需求也不同，如花期对氮的需求量大，幼果膨大期对钾的需求量大，花芽分化期对磷的需求量大。

3. 果园配方施肥原则

（1）坚持平衡施肥原则。果园施肥应以土壤养分状况分析为依据，以"缺什么补什么，缺多少补多少"进行平衡施肥，同时土壤养分状况处于动态变化之中，必须对园地土壤进行定期检测分析，不断调整施肥方案，才能取得最佳效果。

（2）坚持以有机肥为主，无机肥料为辅的原则。充分利用商品有机肥，以及将作物秸秆、杂草等采用堆放腐熟、沼气发酵等无公害技术处理后进行利用；推广果园套种套养、果园生草技术，增加土壤有机质，改善土壤结构，提高土壤保水保肥能力。主要营养元素按比例施用，适当调整微量元素营养，实现平衡施肥。

（3）坚持以施基肥为主，追肥为辅的原则。依据不同果树的需肥特点，根据各水果基地的土壤养分现状，采取基肥为主、追肥为辅的施肥方法。基肥宜秋施，追肥以坐果肥、膨果肥、采后肥为重点，分期分批施入肥料，可采取放射状、环状、条状沟施等施肥方法，施后覆土，以提高施肥效果，并结合病虫害防治，喷施叶面微肥，补充微量元素。

4. 施肥种类

（1）基肥：基肥是能较长时期提供多种养分的肥料，一般以迟效性农家肥为主，如堆肥、作物秸秆、绿肥、落叶等，可在基肥中加入适量速效氮肥，以满足李早春发芽、开化时所需要的大量氮素。基肥秋施为好，秋季土温较高，当年能使施入的农家肥充分腐熟。同时，秋季根系有1次生长高峰，伤根容易愈合，并能生长新根继续吸收营养。

（2）追肥：根据李各物候期需肥的特点，生长季节分期施用一定量的速效性肥，以满足植物在某一生长发育阶段对养分的需

求。李追肥时间一般分为花前追肥、花后追肥、果实膨大和花芽分化期追肥、果实生长后期追肥等。

5. 土壤施肥方法

（1）环状沟施：指在树冠外围稍远处挖环状施肥沟进行施肥。该方法操作简单，肥料利用率高，但易切断根系且施肥范围小，幼树施肥时常采用此方法。

（2）放射状沟施：指以树干为中心，以树盘1/2处为起点向外开挖6～8条放射状施肥沟进行施肥。沟长应超过树冠外围，里浅外深。该法比环状沟施肥伤根少，但挖沟时应避开大根，并注意隔年更换放射状沟位置，以扩大施肥范围。

（3）全园撒施：指直接将肥料均匀撒入园内，再翻入土中，深度一般为20～30厘米。该法宜对成年树或密植果园采用。

（4）水肥一体：指利用水溶性肥料，结合灌溉如喷灌等形式进行施肥的方法。该法具有养分供应及时、均匀、不伤根并有效提高效率等优点。

（5）叶面肥施肥：指直接将肥料喷施于叶片表面的施肥方法。采用叶面喷施时特别要注意肥料的浓度。叶面喷施最合适温度为18～25℃，湿度较大时效果较好。生长季节应选傍晚（16:00以后）或早晨露水未干时（10:00以前）进行，并注意叶片背面的喷施，以利吸收和防止肥害。

6. 施肥时期

施肥是在树体营养需求时期，人为采取的技术措施，以满足树体生长需求。要抓住李年生长发育周期中对高产、稳产、优质的关键时期及时施用。一年中，以开花坐果、果实膨大、花芽分化、树体恢复、秋季积累营养进入休眠等时期较为关键。

（1）幼年树施肥：一般采用一梢两肥的施用方法，即新梢萌发前施促梢肥；新梢萌发后施壮梢肥，以氮肥为主，配施磷、钾肥，按50千克水配尿素150～200克进行浇施，氮：磷：钾为1：0.3：0.4为宜。同时可叶面追肥2～3次，将速效性化肥或经腐熟后有机液肥按使用倍数兑水后喷施叶面上，补充树体营养，促进新梢尽早老熟。

（2）花前肥：于1月花芽萌发前施用，以开花前15天施下最宜。可以施经堆沤腐熟的农家肥、尿素、磷肥、钾肥为主，其中农家肥需深施，在树冠下挖长1米、深、宽各50厘米沟，以株产30千克为例，株施农家肥30～50千克，复合肥0.5千克，待肥与土充分混匀施下；尿素、磷肥、钾肥可浅施，每株施尿素0.5千克、磷肥0.2千克、钾肥0.3千克，施后淋水并覆土，减少肥料挥发损失。

（3）壮果肥：3—4月是果实发育期，同时花芽生理分化在这一时期准备营养物质，如养分不足，影响春梢生长，并造成大量的生理落果，所以这一时期是直接影响当年产量和翌年花量的关键时期，施肥量占全年总施肥量的40%。以株产30千克为例，每株施尿素0.5千克，氯化钾0.5千克或复合肥1千克，施法同花前肥。

（4）采果肥：采果后1周左右施用，用以恢复树势和促进花芽分化，为第2年生长打下基础。以株产30千克为例，可挖沟深施腐熟农家肥25～30千克外加复合肥0.5千克。以速效肥为主，施肥量占全年总施肥量的10%左右，但不能过多，否则会促进枝梢二次生长。

（5）越冬肥：一般在12月中下旬施入，在树冠边缘下的地面挖两条互相平行的长100厘米、深50厘米、宽50厘米的沟，每株磷肥1千克、农家肥（猪牛粪、土杂肥）50千克和土充分混匀后施入。

二、花果管理

生产的主要目的是获得优质、高产、安全的商品果实。除加强土肥水管理、合理整形修剪、及时防治病虫害外，为了提高坐果率和果实品质还应进行花果方面的科学管理。花果管理主要指直接用于花和果实上的各项技术措施，包括生长期的花、果管理技术及果实采后的商品化处理。

（一）落花落果规律和原因

大多数李的栽培品种自交不亲和，而且还有异交不亲和现象，因此，李树常开花很多，但落花落果相当严重。一般有3个高峰：第1次自开花完成后开始，主要是花器发育不全，失去受精能力或未受精造成的。第2次落果发生在开花后20天左右，果似绿豆粒大小时，栽培幼果和果梗变黄脱落，直至核开始硬化为止，这次落果主要是授粉受精不良造成。如授粉树不足，缺传粉昆虫，花期低温，花粉管不能正常伸长等。第3次是在第2次落果后3周左右开始，即"六月落果"，在果实长大以后发生，落果虽然很明显，但数量不多，主要是因为营养供应不足，胚发育中途停止死亡造成落果。

（二）保花保果技术

1. 增强树势，提高树体抵抗能力

李树多在早春开花，易受到低温影响而导致落花，所以在预告有冷空气流或倒春寒时，为了避免霜害的发生，在李树萌芽前，可

连续喷施2～3次叶面肥，提高树体的抗冻能力；在有灌水条件的李园，可在发生霜冻的夜晚，间歇性向树体喷雾或进行树下浇灌，减轻辐射霜冻，也可采用熏烟的方式提高树体周围空气的温度。

2. 人工辅助授粉

人工辅助授粉除可提高坐果率外，还有利于果实增大和端正果形。因人工授粉促使受精良好，尽快促进子房的发育和激素的合成，增加幼果在树体营养分配中的竞争力，果实发育快，单果重增加。特别是李开花较早，在开花期间易遇上不良气候条件影响授粉受精，采取人工授粉，坐果率效果明显优于其他措施。人工授粉的花粉采集及授粉方法如下。

（1）花粉采集与贮藏：注意采集花粉要从亲和力强的品种树上采。当授粉品种的花处于初花期时，采集花朵，采花一般结合疏花进行。采花时间为主栽品种开花前1～3天，而授粉品种已进入初花期最好，可全天随时采。采集鲜花后，在室内取花药，将花药平铺在光洁的纸上，在室内20～25℃的通风条件下，一天翻动2～3次，通常1～2天就完全散出花粉。筛下的花粉装入干净瓶中贮藏备用。在常温（25℃）下可贮存1周，或通过0～5℃冷藏可保持花粉活力30～40天。

（2）授粉时期：从开花前4天的花蕾开始到开花后7天为止，雌蕊柱头都有受精能力，一般开花当天受精能力最高。最适宜的授粉时间在主栽品种的盛花初期，争取2～3天内全园授完。具体时间以每天7:00—10:00、16:00—17:00为宜，雨天避免授粉。

（3）授粉方法：李园的授粉可根据果园的大小、劳动力成本的高低选择不同的授粉方法，一般而言，有以下几种方法。

人工点授法：将1克干花粉加5克玉米淀粉（也可用滑石粉）作为填充物拌和均匀，装放小瓶中，用授粉器蘸花粉点授柱头，每蘸1次可以授10朵花左右。

液体喷授法：大面积授粉时可用液体喷授法，液体喷粉是将花粉与水、糖、尿素、硼酸等按一定比例配成一定的粉液，用微型喷雾器喷洒在花朵上。花粉液的配制是将水10千克、白糖14克、尿素30克、硼砂10克和花粉20～25克混合均匀。溶液要随配随用，不可久置。

鸡毛掸子滚授法：该方法可用于密植李园。把事先准备好的鸡毛掸子用白酒洗去鸡毛上的油脂，晾干后将掸子绑在木棍上。当密植园花朵大量开放时，先在授粉树开花多处反复滚粘花粉，然后移至要授粉的主栽品种上，上下内外滚授。在1～3天内对每株树滚授2次，效果更佳。

（4）授粉原则：选择温暖的天气进行，不要对全树普遍授粉，每一花序的花朵不必全授，一般授1～2朵即可。以预定坐果位置的花为主，比预订量多授20%～30%的花朵即可。因向上长的花易受霜害，不易坐住果，应选择向两侧或向下的花朵授粉。树下部往往结实量少，授粉应认真仔细，并增加授粉量。每株授粉花数的多少，可根据树的花量和将来的留果量结合起来确定。

3. 喷施植物生长调节剂和营养元素

花期喷植物生长调节剂和营养元素可促进花粉管的伸长，促进坐果，稳定丰产。花期喷赤霉素20毫克/升，盛花期喷0.2%磷酸二氢钾、2,4-D混合液20毫克/千克，落花期喷0.2%磷酸二氢钾+2,4-D混合溶液20毫克/千克，均可显著提高李的坐果率。

此外，花期放蜂、建立防风林、花期环剥等措施在一定程度上都可以增加坐果率，在生产实际过程中可加以选择利用。

（三）疏花疏果

疏花疏果是对花量过大、坐果过多、负载过重的李树所采取的技术措施。控制坐果数量，使树体合理负担，可控制花芽分化，连年高产、稳产，同时可增大单果重，提高产量和品质，促进树体健壮，增强抗性，延长结果寿命。因此，在综合管理的前提下，合理疏花疏果是果树高产、稳产和优质的重要措施之一。

1. 疏花

疏花一般在蕾期和花期采用人工疏花，在保证坐果率及预期产量的前提下，疏花越早越好。疏花的方法：选疏结果枝基部的花，留中上部的花，预备枝上的花全疏掉。就整株树来说，树冠中部和下部要少疏多留，外围和上层要多疏少留，辅养枝、强枝多留，骨干枝、弱枝少留。具体到一个结果枝上，要疏两头留中间，疏受冻受损花，留发育正常的花，花束状果枝上花要留中间疏外围。

2. 疏果

李一般结果偏多，为保证获得高品质的果实，应改变以往不进行疏果的习惯而进行人工疏果。事实上，如果树体留果量过多，对果实的个体发育影响很大，会造成单果重降低，畸形果增多，所以，李生产上应根据不同树种、品种和树势，按照合理负载的指标留果，达到合理的叶果比和枝果比，维持良好的营养生长和生殖生长平衡，旨在有足够的同化产物和矿质营养满足果实发育。

（1）疏果时期：原则上越早越好，这样有利于果实膨大，果实整齐，着色好，含糖量高。一般盛果期疏花、谢花后1~2周疏果为好。坐果少的树晚疏、少疏，坐果多的树可先疏后定果。

（2）确定留果量：留果量应根据树势、树的枝叶量与果实的分布状况而定。李树可采用简单的枝果比，即新梢数与幼果数之比来确定留果量，以保证李树枝叶正常生长、花芽分化良好、李果产量高而果形大。

（3）疏果方法：李树疏果应以"看树定产""按枝定量"为原则。一般强树、壮枝多留；弱树、弱枝少留；树冠中下部多留，

上部及外围少留。疏除顺序要自上而下、由里向外逐枝逐（枝）组进行。具体方法：首先疏除病虫果、畸形果、小果、伤果、密集果、朝天果，留长形果、侧生果和向下着生的幼果，然后按花束状果枝留1个，短果枝（30厘米左右）留2个，中、长果枝按叶果比留果，一般每16～20片叶留1个果，果实间隔距离10～15厘米，即长果枝留3～4个果，中果枝留2～3个果的要求进行疏果。盛果期产量控制在15～22.5吨/公顷。

（四）果实的采收

果实在发育过程中，其形状、大小、色泽、风味、品质等在不断变化。如采收过早，果肉酸硬，产量低，品质差；如采收过晚，果肉变软，失去原有风味，且不耐储运，所以适时采收显得尤为重要。

无论早熟或晚熟品种，果实从盛花到成熟整个生育期都有一定的经验天数，但易受年份、气象条件、栽培措施及负载量等影响，因此，不能单纯依靠日期判断采收期，可以通过果实的外观变化来大致判断果实的成熟情况。

（1）硬熟期：也称为可采成熟度。此时果实已充分长大，黄色和绿色品种果皮由绿色转为绿白色；红色品种果面着色达到1/3～1/2。果实已完成了生长和化学物积累，采收后在适宜条件下可自然完成后熟过程，果肉硬脆。长距离运输或加工用品种，可在此时采收。

（2）半软熟期：也称为食用成熟度。此时果实已经成熟，红色品种着色4/5以上，黄色品种由绿色转为淡黄色。果实中的各种营养物质经过转化已具有该品种的色、香、味，此时采收风味最好。适于在当地销售生食或制作果汁、蜜饯等加工品，但不宜长途运输或贮藏。

（3）软熟期：也称生理成熟期，这时果实已经过分成熟，黄色品种果实完全变成浅黄色，果肉绵软、多汁，营养价值和风味均下降，不能储运。只有在采种时才在这一时期采收。

李果柄粗短，成熟时一般产生离层，采收时要带果柄采下。李果粉多，采收时应尽量减少果粉损失。为了保证果面的鲜艳和完整无损，手工采摘是最可靠的。采收顺序是从树下部由外向内逐枝采摘。采摘时动作要轻，做到轻拿轻放，装果实的箱筐要用软质材料衬垫，避免碰伤、挤伤果实。贮藏加工用的李，以八成熟为采收适期；鲜食时，以九成熟为采收适期。由于李成熟期不一致，宜采取分期采收的方法，一般分2～4次采收。

（五）果实分级

果实分级目的在于剔除伤残果、病虫果、畸形果，并按果实大小、着色程度将果实分成不同等级，以便于包装、运输和销售，提高市场竞争能力和获得较高的经济效益。

李多采用单果重来进行分级。按不同品种的单果重大小可分为特大果、大果、中果、小果和特小果5类型，每类中又分3级（特等果、一等果、二等果）。1A级单果重≥160克，2A级单果重130～159克，3A级单果重100～129克，4A级单果重70～99克，5A级单果重40～69克。

云开1号三华李较大，单果重在50克以上，翁源的华蜜大蜜李、白脆鸡麻李单果重45～50克，乳源的瑶山李单果重40～45克。上市前，即使同一品种也都需进行分级，做到优质优价（表8-1）。

表8-1　云开1号三华李分级标准（信宜市农业局）

等级	果实大小/克	果皮颜色	果粉覆盖率/%	可溶性固形物含量/%	可滴定酸含量/%	果实外观
特级果	≥65	紫红色	≥80	≥12	≤1.1	果形美观，无损伤，无病虫斑点
一级果	50～64	深红色	≥70	≥11	≤1.1	果形美观，无损伤，无病虫斑点
二级果	40～49	鲜红色	≥60	≥10	≤1.2	果形美观，无损伤
三级果	<40	浅红色	<50	<10	≤1.2	果形美观，无损伤

第九章
主要病虫害防治

一、综 合 防 治

三华李病虫害防治，应遵循"预防为主，综合防治"的方针，秉持"科学植保、公共植保、绿色植保"理念，以生态调控、生物防治、理化诱控、科学用药等技术防治李病虫害。为保障农药残留符合无公害标准，在生产过程中应采取绿色防控技术，如采用生态调控、生物防治、物理防治和科学用药等环境友好型措施控制病虫害，以确保生产安全、农产品质量安全和农业生态环境安全。主要防治方法有农业防治、物理防治、生物防治等。

1. 农业防治

农业防治是为了防治病、虫、草害所采取的农业技术综合措施，通过调整和改善生长环境，以增强三华李对病、虫、草害的抵抗能力，创造不利于病、虫和杂草生长发育或传播的条件，以控制、避免或减轻病、虫、草的危害，从而降低因病虫害造成的经济损失。常见的农业防治措施：建立无病种苗基地、标准化栽培管理措施、科学合理的灌溉、实施配方施肥等。

（1）建立无病虫种苗基地。在国内建立无病虫种苗基地，提供无病虫或不带检疫性有害生物的繁殖材料，是防止有害生物传播的一项根本措施。在苗木选择上，应选择品种来源要可靠、适合当地种植、优质丰产的优良品种。现在李的实际生产中多使用嫁接苗，应选择生长健壮，叶片生长正常；嫁接口部位愈合良好，嫁接口上3厘米处直径5毫米以上；主干高度60厘米以上，根系发达，主根上有3~4条侧根，须根较多，无病虫为害的嫁接苗。

（2）标准化栽培管理措施。推广标准化栽培，合理调整果园，布局加强肥水管理，增施有机肥，保持树体健壮，改善果园整体生态条件。

　　做好采果后和冬季清园工作，及时清洁果园内枯枝、落叶、僵果、落果、杂草等，并集中烧毁，可大大减少褐斑病、轮纹病、白粉病、叶螨、金纹细蛾等病虫害的越冬基数；刮除果树老皮、粗皮、翘皮、病斑，剪除病枝、虫枝、虫果及尚未脱落的僵果，并将清理落下的树皮、树枝集中烧毁，消灭潜藏在其中的病虫害。

　　根据三华李的品种特性，合理整形修剪，推广高光效树形，改"三密"（树密、枝密、果密）为"三稀"（树稀、枝稀、果稀），改善通风透光条件，早疏花并及时疏果，合理负载，增强树势。

　　树干涂白，涂白时间以2次为好，第1次在早春，第2次在落叶后至土壤解冻前。涂白的部位以主干和主枝基部为主。幼树、树冠不完整的大树、病树，树干的南面及树枝向阳处应重点涂，枝梢不涂。涂白剂的配制方法：水40～50千克、生石灰0.5千克、食盐0.2千克、石硫合剂原液0.5千克、黏合剂少许。先用水溶化开生石灰，滤去渣子，再倒入已溶化的食盐，最后拌入石硫合剂原液和黏合剂。涂白液要干稀适中，以涂刷时不流失为宜。果树涂白以后，可防止树体温度变化过快，发生冻害和日灼的现象，同时树干涂白可消灭多种在树干翘皮、裂皮内越冬的害虫。

　　（3）科学施肥、灌溉。实行配方施肥，增施腐熟有机肥，配合施用磷肥，控制氮肥的施用量，既能减少投入，又能增强树势，从而提高果树本身的抗逆性，达到防病的目的。深耕改土可改善土壤中的水、气、温、肥和生态环境，使土壤表层的有害生物深埋，土壤深处的暴露能破坏其适生条件。如早春翻树盘不仅能疏松土壤，改善李树根系生长的环境条件，而且可以消灭在土壤中越冬的李实蜂、李小食心虫、桃蛀果蛾等。

2. 物理防治

　　物理防治就是利用物理方法防治病虫害的方法。主要手段有理化诱控技术，即光诱、性诱、色诱、捕杀的"三诱一捕"技术及除

草膜、防虫网等物理阻隔技术的应用等。

（1）糖醋液诱杀成虫。利用害虫的趋性，用糖醋液（由红糖：醋：水＝0.5：1：10，另加入少量白酒配制而成）制成水碗或水盆诱捕器，可诱杀李小食心虫、卷叶蛾、桃蛀野螟、桃红颈天牛、金龟子等多种害虫的成虫。

（2）频振式杀虫灯诱杀害虫。又称黑光灯，它利用害虫趋光、趋波、趋色的特性，将光的波段、频率设定在特定的范围内，灯外配以频振式高压电触杀。它不仅可以增加诱杀害虫的数量和种类，还可大幅减少化学农药的使用，减少农药对环境的污染，延缓害虫抗药性，而且对人畜无害。2～3公顷安装1台杀虫灯，悬挂高度因果树高度而定，一般为3.5米，棋盘式分布。使用时间为4月中旬—10月下旬。有数据表明：有灯区的落卵量、害虫量较无灯区减少60%～80%，可广泛诱杀斜纹夜蛾、吸果夜蛾等多种有飞翔能力的害虫成虫。

（3）色板诱杀害虫。利用害虫的趋黄性、趋蓝性，在色板上涂上黏胶剂，根据不同害虫对不同色彩的敏感性诱杀害虫。同翅目的蚜虫、粉虱、叶蝉等，双翅目的斑潜蝇、种蝇等及缨翅目蓟马等多种害虫成虫对黄色、蓝色具有强烈的趋性，可以通过悬挂黄色、蓝色诱虫色板诱杀。在田间悬挂黄板或蓝板，高度略高于果树顶部，每亩放20～30块。诱虫色板不仅可诱杀蚜虫、白粉虱、叶蝉、斑潜蝇、蓟马等小型昆虫，而且对以这些昆虫为传毒媒介的病毒病也有防治效果。

（4）树干缠草绳。利用害虫在树干上产卵或越冬的习性，秋季在李树树干上捆稻草或缠草绳，冬季解下烧掉，可防治李小食心虫幼虫、桃红颈天牛、山楂叶螨雌成螨等害虫。

3. 生物防治

生物防治是指利用寄生性、捕食性天敌或病原微生物及生物的代谢物来控制虫口密度或抑制病原菌的传播蔓延。比如利用天敌防治虫害，利用生物的代谢产物防治病虫害。生物防治不仅可以改变生物种群组成成分，而且可以直接消灭病虫害，对人、畜、植物也比较安全，不污染环境，不会引起害虫的再猖獗和产生抗性，对一些病虫害有长期的控制作用；但是也存在着局限性，不能完全代替其他防治方法，必须与其他防治方法有机地结合在一起。

（1）保护和利用天敌。利用天敌是虫害防治技术的核心，果园里的蚜虫、红蜘蛛、潜叶蛾、卷叶蛾等都有相应的天敌，利用天敌可有效实现自我控制，减少农药的使用。目前成功的人工繁育天敌有赤眼蜂、捕食螨、食蚜蝇、周氏啮小蜂等，分别对鳞翅目害虫、螨类、蚜虫等害虫起到防治作用。另外，资源性昆虫、壁蜂、熊蜂、蜜蜂等虽然不是天敌，但是释放它们能大幅度提高坐果率，增加产量，减轻病虫害危害。

（2）生物代谢产物及病毒。一些生物的代谢产物对某些害虫有一定的拒避、拒食和杀灭的作用，如常用Bt制剂防治多种鳞翅目害虫，而一些植物的代谢产物，如印楝素、鱼藤酮、苦参碱等是很好的杀虫剂；微生物代谢产物中最有效的是阿维菌素。现已发现的昆虫病原病毒主要是核多角体病毒、质型颗粒体病毒和颗粒体病毒。

二、主要病害及其防治

1. 李红点病

该病害可为害叶片和果实。

为害症状 | 叶片染病初期，产生橙黄色，稍隆起，边缘清晰的近圆形斑点，病斑逐渐扩大，颜色逐渐加深，病部叶肉也随着加厚，其上产生许多深红色小粒点，即病菌的分生孢子器。到秋末病

叶转变为红黑色，正面凹陷，背面凸起，使叶片卷曲，并出现小黑点，即子囊壳。发病严重时，叶片上密布病斑，叶色变黄，造成早期落叶。果实受害，产生橙红色圆形病斑，稍隆起，边缘不明显，最后病斑呈红黑色，其上散生很多深红色小粒点，果实常畸形，不能食用，易脱落。

病原 | 该病害由真菌界子囊菌门（Ascomycota）疗座霉属（*Polystigma*）李疗座霉菌［*Polystigma rubrum*（Pers.）DC.］引起，无性态为李多点霉［*Polystigmina rubra*（Desm.）Sacc.］，属半知菌。病原菌的分生孢子器主要生在叶面，埋生于子座时，近球形、扁球形，器壁橙红色，分生孢子线形，无色透明单胞，弯曲，大小24～60微米×0.5～1微米。子囊壳叶背面生，近球形，壳整红褐色，顶部具明显的乳头状突起，散生，埋生于子座内。子囊倒棍棒形，内含8个子囊孢子，无色。子囊孢子无色透明，单胞，直或微弯，长椭圆形，大小10～14微米×4.5～6微米。

发病规律 | 病菌以子囊壳在病叶上越冬，第2年开花末期子囊破裂，散发出大量的子囊孢子，借风雨传播为害。此病从展叶盛期到9月都能发生，尤其在雨季发生更为严重。分生孢子器于7—8月成熟，子囊壳则在叶片枯死后才完全成熟。多雨年份或雨季发病重，低温多雨年份或植株和枝叶过密的李园发病较重。

防治措施 | ①加强果园管理。注意排水，勤中耕，避免果园土壤湿度过大。②清除初侵染源。冬季彻底清除病叶，病果集中烧毁或深埋；秋翻地春刨树盘，都可减少侵染来源。③化学防治。萌芽前喷5波美度石硫合剂，展叶后喷0.3～0.5波美度石硫合剂。在李树开花期及叶芽萌发期，全株喷洒0.5∶1∶100倍波尔多液，或琥珀酸铜可湿性粉剂0.5%溶液，或70%甲基托布津可湿性粉剂800倍液，或70%代森锰锌可湿性粉剂800倍液进行预防保护。

2. 李褐腐病

李褐腐病又称果腐病，实腐病，主要为害花、叶、枝梢和果实，以果实受害最重。

为害症状｜嫩叶受害时从叶缘向内部扩展，病叶变褐萎垂。嫩枝染病形成长圆形溃疡斑，中央稍凹陷，灰褐色，边缘紫褐色，常发生流胶；若病斑绕枝一周，则会引起上部枝梢枯死。天气潮湿时，病斑上生灰色霉丛。花部染病变褐，多雨季节呈软腐状，表面丛生灰色霉状物，枯死后残留枝上。果实自幼果至成熟期均可受害，成熟期果实受害较重。最初为褐色圆形病斑，后迅速扩展至全果变褐软腐，病斑表面长出灰白色至黄褐色绒状大小不一的颗粒，即病菌分生孢子梗和分生孢子，腐烂病果多脱落，部分失水缩变为深褐色或黑色果，落地或挂枝上。病菌也可从病果梗、病花梗向下扩展侵染枝条，产生溃疡斑，引致枝条干枯。

病原｜该病害由真菌界子囊菌门（Ascomcota）核盘菌科（Sclerotiniaceae）链核盘菌属（*Monilinia*）核果链核盘菌［*Monilinia laxa*（Aderh. et Ruhl.）Honey］、美澳型核果链核盘菌［*Monilinia fructicola*（Wint.）Honey］和果生链核盘菌［*Monilinia fructigena*（Aderh. et Ruhl.）Honey］引起。其中，造成李果实褐腐病的主要病原菌为*Monilinia fructicola*。无性态属于半知菌类真菌，果生丛梗孢（*Monilia fructicola* Poll.），其分生孢子梗短，多不分枝；分生孢子无色，单孢，串生，柠檬形或卵圆形，大小10～30微米×7～18微米，有性态少见。该病原菌除为害李外，还可以侵染桃、油桃、樱桃等。

发病规律｜病菌主要以菌丝体在病部或僵果或枝梢溃疡处越冬，翌春产生大量分生孢子，借风雨或昆虫传播至寄主，从伤口、皮孔或直接从柱头上侵入，引起初次侵染，造成花腐或褐腐。病菌侵入果实后，致使果实迅速软化腐烂。在适宜的环境条件下，病果

表面长出大量分生孢子，引起再次侵染。储运过程中病果与健果接触，常把病传到健果上。病菌生长和繁育最适温度是20～27℃，温度高于25℃时，病害潜育期仅2天左右。李树开花期低温多雨，易引发花腐，果实近成熟期雨多易引发果腐，树势衰弱发病重。

防治措施｜①园地选择。应选择向阳通风丘陵地或山坡地栽植李树。②结合冬剪，对树上僵果及时清除，及时扫除病落叶，集中烧毁。③采用配方施肥技术，增施有机肥。雨后及时排水，防止湿气滞留。④及时防治虫害，减少果实伤口，防止病菌从伤口侵入。⑤李树芽萌动前，喷洒1：1：100倍式波尔多液，铲除越冬菌源。从李子脱萼开始或在采摘前10天喷洒25%嘧菌酯悬浮剂3 000倍液，或喷洒65%甲硫·乙霉威可湿性粉剂1 000～1 500倍液，或50%乙霉·多菌灵可湿性粉剂800～1 000倍液。

果实采收后可用500毫克/千克噻苯咪唑浸果1～2分钟，或用2.1～5.25毫克/千克氯硝铵或0.7～1.75毫克/千克苯来特溶液处理，晾干后再装箱贮藏或运输可以减轻贮藏期果实腐烂。

3. 李袋果病

主要为害李、郁李、樱桃李、山樱桃等。感病果实发生畸变，中空如囊，因此得名。

为害症状｜感病果实在谢花后开始出现症状，初呈圆形或袋状，后渐变狭长略弯曲，病果平滑，浅黄色至红色，皱缩后变成灰色至暗褐色或黑色而脱落。病果无核，仅能见到未发育好的雏形核。枝梢感病后呈灰色，略膨胀、组织松软。叶片感病后在展叶期开始变成黄色或红色，叶面皱缩不平，似桃缩叶病。5—6月病果、病枝、病叶表面着生白色粉状物，即病原菌的裸生子囊层。

病原｜该病害由真菌界子囊菌门（Ascomycota）外囊菌属（*Taphrina*）李外囊菌［*Taphrina prunis*（Fuck.）Tul.］引起。子囊形成在叶片角质层下，细长圆筒状或棍棒形，大小24～80微米×

10～15微米，足细胞基部宽。子囊里含8个子囊孢子，子囊孢子球形，能在囊中产出芽孢子。该病原菌除为害李、樱桃李外，还可为害山樱桃、短柄樱桃、豆樱、黑刺李等。

发病规律｜病原菌以子囊孢子和厚壁芽孢子在芽鳞片上、鳞缝隙里或枝干病皮中越冬或越夏。第2年春季越冬孢子萌发，产生芽管直接穿透叶片表皮或从气孔侵入，进行初侵染。6月天气转暖后，逐渐停止。初夏，叶面形成子囊层，产生子囊孢子和芽孢子。由于夏季高温，不利于孢子萌发，因此该病害一年只侵染1次。

该病的发生、流行与气候条件有关。低温多湿利于发病，尤其是早春李树萌芽展叶期，如连续降雨，气温10～16℃，发病更重，随着气温升高，停止发展，气温超过30℃即不发病。一般江河沿岸、湖畔及低洼潮湿地发病重。

防治措施｜①加强李园管理。发病严重的李园应及时追肥、灌水，增强树势，提高抗病力，以免影响当年和翌年结果。②清除初侵染源。在病叶表面还未形成白色粉状物前及早摘除，以减少当年菌源。③药剂防治。从李芽开始膨大到露白期，周密细致地喷药，即可铲除树上越冬病菌，减少初侵染源，减轻发病，并可保护冬芽萌发。常用杀菌剂有50%多菌灵水分散粒剂600倍液、45%石硫合剂结晶30倍液、70%代森锰锌可湿性粉剂500倍液、50%甲基硫菌灵可湿性粉剂600倍液，每隔10～15天喷1次，连续防治2～3次。

4. 炭疽病

主要为害果实，也可为害新梢和叶片。

为害症状｜新梢染病，病斑呈长椭圆形、褐色，凹陷，病梢侧向弯曲，严重时枯死。叶片染病多始于叶尖或叶缘，产生红褐色圆形或不规则形病斑，后变成灰褐色，叶片焦枯，枯斑上散生轮状排列的小黑点。幼果染病发育停止，果面暗褐色，萎缩硬化成僵果残留于枝上；果实膨大后，染病果面初呈淡褐色水渍状病斑，后扩大

变红褐色，病斑凹陷有明显同心轮纹状皱纹，湿度大时产生橘红色黏质小粒点，最后病果软腐脱落或形成僵果残留于枝上。

病原 | 该病害由真菌界，子囊菌亚门（Asomycotina）小丛壳属（*Glomerella*）围小丛壳菌 [*Glomerella cingulata*（Stonem.）Spauld. et Schrenk] 引起。无性态为半知菌类的炭疽菌属（*Colletotrichum*），胶孢炭疽菌 [*Colletotrichum gloeosporioides*（Penz.）Sacc.]，分生孢子盘有黑色小基座，分生孢子梗无色，短棍棒状；顶生分生孢子，分生孢子呈长圆形、圆筒形或卵形，单孢。

发病规律 | 以菌丝体在病枝或病果及僵果内越冬。翌春条件适宜，日均温度10～12℃，相对湿度80%以上时产生分生孢子，借风雨或昆虫传播，侵染新梢和幼果，引起初侵染。后期病部产生分生孢子，不断进行再侵染。李树整个生长期均可被侵染危害。

该病的发生与气候条件、品种有关，高湿是该病发生的先决条件。李树开花至幼果期低温多雨，利于发病，果实成熟期高湿高温发病重。此外，与4—6月的降水量大小有关。若降水量低于300毫米，发病轻；高于300毫米，发病严重。果实染病主要在第1次果实迅速生长期，其次，为采收前的膨大期。一般栽植过密、排水不良的李园发病重。

防治措施 | ①发病严重地区，选栽抗病品种。②加强栽培管理。注意李园排水，降低湿度；增强树势，增施有机肥和磷钾肥，提高树体抗病力；③清除菌源。结合修剪，彻底清除树上病梢、枯死枝、僵果，彻底清扫落叶和将地面病残体深埋或烧毁。④药剂防治。在萌芽期及果实膨大期进行药剂防治，可选用10%苯醚甲环唑（保利特）水分散粒剂2 000倍液，或40%苯醚甲环唑·醚菌酯（盈美）可湿性粉剂2 000倍液，或45%咪鲜胺（翠喜）水剂500倍液进行防治，每隔7～10天喷施1次，连续防治2～3次。

5. 李穿孔病

李穿孔病有细菌性穿孔病、真菌性褐斑穿孔病和霉斑穿孔病，以细菌性穿孔病危害最大。发生严重时，引起早期落叶和枯枝，削弱树势，影响严重。

为害症状｜三种穿孔病主要为害叶片，引起叶片穿孔，也可为害新梢和果实。病害严重发生时，引起大量落叶。

（1）细菌性穿孔病。叶片受害初期，在叶面上产生多角形水渍状小斑点，后逐渐扩大为圆形或不规则形褐色病斑，边缘水渍状，后期病斑干枯、脱落，形成穿孔，病叶极易早期脱落。果实发病初期，在果皮上产生水渍状小点，后病斑中心变青褐色，最终可形成近圆形、暗紫色、边缘具水渍状的晕环和中间稍凹陷，表面硬化、粗糙的病斑。空气干燥时，病部常发生裂纹，病果易提前脱落；天气潮湿时，病斑上常出现黄白色黏质分泌物。新梢受到侵染时，以皮孔为中心，形成水渍状暗紫色斑点，伴流胶，后形成梭形或长圆形病斑，病部凹陷，病部皮层、木质部变褐坏死，边缘呈水渍状，形成溃疡，有时造成枯梢现象。

（2）真菌性褐斑穿孔病。叶片受害初期出现圆形或不规则形的淡黄绿色病斑，后为褐色，病斑周缘明显，稍具轮纹状，外周有时呈紫褐色，有些病斑联合成不规则形的大病斑，后期在病斑的正反面均可产生灰褐色或灰白色霉层，最后病斑干缩，脱落而成穿孔；有些嫩叶被害，在边缘或叶尖形成大块病斑，呈焦枯状，叶片提早脱落。新梢和果实上的病斑与叶片相似，也可产生褐色霉层。

（3）真菌性霉斑穿孔病。叶片受害初期出现淡黄绿色病斑，圆形或不规则形，边缘紫色，后变成褐色，最后穿孔。潮湿时，病斑背面长出污白色霉状物。幼叶受害后变枯焦，不穿孔。枝条受害后，以芽为中心，形成圆形病斑，边缘紫褐色，有裂纹和流胶现象。果实受害后，病斑初为紫色，后变成褐色，边缘呈红色，中央凹陷。

病原 | 细菌性穿孔病病原为原核生物界革兰氏阴性真细菌组（Gram-negative bacteria）黄单胞杆菌属（*Xanthomonas*）甘蓝黑腐黄单胞菌桃穿孔致病型[*Xanthomonas campestris* pv. *pruni*（Smith）Dye]，异名[*Xanthomonas pruni*（Smith）Dowson]。病原细菌菌体短杆状，两端钝圆，极生鞭毛1至数根。

真菌性褐斑穿孔病病原为核果假尾孢[*Pseudocercospora circumscissa*（Sacc.）Y. L.Guo et X. J. Liu]，异名（*Cercospora circumscissa* Sacc., *Cercospora padi* Bubak et Sereb），属半知菌类真菌；有性态为子囊菌亚门（Asomycotina）樱桃球腔菌（*Mycosphaerella cerasella* Aderh）。分生孢子梗紧密簇生于子座上，橄榄色，不分枝，直立或略弯曲，0～2个隔膜，大小12～32微米×3～4.5微米。分生孢子细长、鞭状、倒棍棒状或圆柱形，棕褐色，直立或微弯，3～12分隔，大小24～120微米×3～4.5微米。该病原菌除为害李外，也可为害桃、杏、樱桃等多种核果类果树。

真菌性霉斑穿孔病病原为嗜果刀孢菌[*Clasterosporium carpophilum*（Lev.）Aderh.]，属半知菌类真菌。异名桃棒盘孢（*Coryneum beyerinckii* Oud.）。分生孢子梗短小，丛生于子座，分生孢子长卵形至梭形，褐色，具1～6个隔膜，大小23～62微米×12～18微米。

发病规律 | 细菌性穿孔病的病原菌在枝条病斑或病芽内越冬。翌春随气温回升开始活动，形成春季溃疡病斑，成为主要侵染源。开花后，病原菌从溃疡斑中溢出，借风雨和昆虫传播，从叶片气孔、枝条芽痕和果实的皮孔侵入。细菌发育的最适温度为24～28℃，叶片常在4—5月发病，病菌的潜伏期因气温高低和树势强弱而不同。夏季干旱时发病缓慢，秋季再次侵染。气候温暖、多雨或多雾季节发病严重，排水不良、偏施氮肥及蚜虫等刺吸式口器昆虫为害严重，均有利于病害发生。

真菌性褐斑穿孔病，以菌丝或分生孢子在病叶、病枝或芽内越冬。翌年春季随气温回升转暖和适当降雨时形成分生孢子，经风雨传播，先侵染幼叶，再侵染枝条和果实。该病的发生程度与气温、降雨密切相关。气温26～28℃为该病最适发生期。当气温在20～30℃时，雨日、雨量是该病病情发展的重要因素，多雨特别是梅雨季节和台风雨天气有利此病发生；此外，发病轻重还与栽培管理、树势强弱、树种混交有密切关系。凡栽植密度大，偏施氮肥，管理粗放，不清理树下病落叶，发病重；栽植密度适中，合理施用氮、磷、钾肥，多施有机肥，管理精细，夏季适当疏枝，树冠通风透光良好，冬季彻底清理病落叶残体，则发病轻；桃、李、龙眼树混栽园比分开栽植园发病重。

真菌性霉斑穿孔病以菌丝和分生孢子在被害枝梢或芽内越冬。翌年气温回升至20℃以上，病菌从新梢基部侵入老枝的皮层至木质部并沿新梢往上侵染。梅雨季节，病菌大量侵入新梢的皮层，当新梢基部被为害将近一圈后，皮层发生裂纹，形成流胶，新梢开始枯死。当气温升至35℃时，大量新梢枯死。采果后，当最高气温降至33℃以下，枯梢上的病斑产生大量新的分生孢子，借风雨传播再次侵染幼叶而形成病斑，最后穿孔。

防治措施│①加强栽培管理，合理施肥、灌水和修剪。要注意园地的排水、通风和透光，增施有机肥，避免偏施氮肥，以增强树势，提高树体抗病能力。②生长季节和休眠期对病叶、病斑、病果及时清除，特别是冬剪时，彻底剪除病枝，清除落叶、落果，集中深埋或烧毁，消灭越冬菌源；如不能剪除，则须刮除病斑，结合化学防治进行处理。③防治蚜虫、介壳虫等刺吸式口器昆虫为害。④药剂防治。在树体萌芽前刮除病斑后，涂25～30波美度石硫合剂，也可全株喷施1∶1∶100～200波尔多液或4～5波美度石硫合剂进行预防。展叶后至发病时期是防治关键时期，可选择30%琥珀

酸铜可湿性粉剂（蓝翼）600倍液，或2%春雷霉素水剂500倍液，或20%噻唑锌悬浮剂（碧生）1 000倍液，或72%农用硫酸链霉素可溶粉剂3 000～4 000倍液，每隔7～10天或雨后防治1次，连续防治2～3次。

6. 流胶病

流胶病可分为生理性流胶和侵染性流胶两种，主要为害枝干，也可侵染果实。

症状 | 生理性流胶多发生在主干和主枝上。被害枝干初期病部稍肿胀，随后陆续流出半透明黄色树胶，雨后病情加重。树胶与空气接触氧化后变成红褐色至茶褐色，干燥后则变成红褐色至茶褐色的硬粒块。病部易被腐生菌侵染，使皮层和木质部变褐腐烂，严重时致树势衰退，部分枝干甚至全株枯死。果实染病，有黄色胶质溢出果面，病部硬化，后期发生龟裂，严重影响商品价值。

侵染性流胶病主要为害1～2年生枝条，初产生以皮孔为中心的疣状小突起，后扩大，形成瘤状突起物，其上散生针头状小黑粒点。当年不流胶，翌年瘤皮开裂溢出胶液，初为无色半透明稀薄而有黏性的软胶，之后变为茶褐色，质地变硬呈结晶状，吸水后膨胀成为胨状的胶体。被害枝条表面粗糙变黑，并以瘤为中心逐渐下陷，形成圆形或不规则形病斑，其上散生小黑点。严重时枝条凋萎枯死。果实染病，初为褐色腐烂，湿度大时从其上粒点状物孔口溢出白的块状物，发生流胶现象。

病原 | 造成生理性流胶的原因较多，一些逆境条件如霜害、冻害、病虫害、雹害、水分过多或不足，或操作不当如施肥不当、修剪过重、结果过多，有时土质黏重或土壤酸度过高均会引起生理性流胶。

侵染性流胶病由子囊菌门真菌，茶藨子葡萄座腔菌［*Botryosphaeria ribis*（Tode）Gross. et Dugg.］引起，无性态为聚生小穴壳

（*Dothiorella gregaria* Sacc.），属半知菌类真菌。分生孢子器产生于病部枯死层中，球形或扁球形，分生孢子梗短，不分枝，无色单胞，椭圆形至纺锤形。子囊壳腔内子囊棍棒状，一般产生8个子囊孢子，子囊孢子单胞无色，卵圆形至纺锤形，两端稍钝，大小23～28微米×7.8～15微米。

发病规律 | 高湿是生理性流胶病发生的重要条件，春季低温、多阴雨易引起树干发病，4—6月气候高温多湿更是发病盛期；在管理粗放、排水不良、土壤黏重、树体衰弱的情况下，易发生病害。大龄树发病重，幼龄树发病轻。果实流胶还跟虫害有关。

侵染性流胶病病原菌以菌丝体和分生孢子器在被害枝条里越冬，翌年3月下旬—4月中旬弹射出分生孢子，通过风雨传播。雨天从病部溢出大量病菌，顺枝干流下或溅附到新梢上，从皮孔、伤口及侧芽侵入，进行初侵染。枝干冻害、虫害及修剪留下的伤口，通风不良，不合理灌水及施肥等因素可以加重病害侵染。一般雨后高温流胶特别严重，盛果期较幼树期及初果期严重。

防治措施 | ①清除初侵染源。结合冬剪，彻底清除被害枝梢。也可在树体萌芽前，用抗菌剂涂刷病斑，杀灭越冬病菌，减少初侵染源。②注重土壤管理。及时清园松土培肥，挖通排水沟，防止土壤积水。增施有机肥及磷钾肥，保持土壤疏松，以利根系生长，增强树势，减少发病。③加强树冠护理。合理修剪，保持一定的叶绿层，使树冠能荫蔽枝干，减少强光照射，以免造成日灼裂皮。④及时防治天牛等树干害虫。在天牛等害虫成虫活动盛期，注意检查李树干，采取人工捕杀幼虫，或用5%氯虫苯甲酰胺悬浮剂500倍液喷杀成虫，减少害虫咬伤、蛀伤树皮、树干，保护枝干，减少发病。⑤加强田间管理。田间管理时注意不要损伤树干皮层，在干旱高温季节及时灌水能有效地预防该病的发生。此外，发现有流胶时，用小刀刮去病部流胶物，用等量式波尔多液涂抹病部也有一定的效

果。⑥化学防治。5—6月为防治适期。可用30%琥珀酸铜可湿性粉剂（蓝翼）600倍液，或2%春雷霉素水剂500倍液，或20%噻唑锌悬浮剂（碧生）1 000倍液，或12.5%烯唑醇可湿性粉剂2 000～2 500倍液，或45%咪鲜胺水剂500倍液喷施，每隔15天喷1次，连喷3～4次。施药时，药液要全面覆盖枝、干、叶片和果实，直至湿透。

三、主要虫害及其防治

1. 蚜虫

为害李的蚜虫主要为桃蚜（*Myzus persicae* Sulzer）和李短尾蚜（*Brachycaudus helichrysi* Kaltenbach），主要为害叶片。

为害特点 | 成虫、若虫群集在嫩梢和叶上刺吸营养，使被害叶片逐渐变白，向背面扭曲，卷成螺旋状，引起落叶，新梢不能生长，影响产量及花芽形成。蚜虫排泄的蜜露，污染叶面及枝梢，使李生理作用受阻，常造成煤烟病，加速早期落叶，影响生长。此外，蚜虫还能传播病毒病和细菌性病害。

生活习性 | 桃蚜和李短尾蚜一年可发生多代，以卵在李树的芽腋、裂缝、小枝杈等处越冬。翌年李树萌芽时卵开始孵化，群集在芽上为害，花和叶开放后又转移到花和叶片上进行为害。

蚜虫的发生与危害受温度、湿度影响很大，尤其湿度至关重要，连日平均相对湿度在80%以上或大暴风雨后，虫口数量下降。春季干旱年份，发生危害特别严重。

防治措施 | ①保护和利用天敌。常见的天敌有多种瓢虫，草青蛉和食蚜蝇等，对蚜虫的控制作用很大，当天敌数量很多时，尽量不喷药，以促进天敌繁殖。②使用黄色诱虫色板诱杀。③加强果园检查，及时铲除田边、沟边、塘边杂草，减少虫源。④药剂防治。可在春芽萌发花未开放时或蚜虫盛发前进行药剂防治，药剂可选用

70%吡虫啉（好巧）可湿性粉剂6 000倍液，或20%啶虫脒（擂战）可溶性粉剂4 000倍液，或10%蚜虱净可湿性粉剂4 000倍液喷施。

2. 李小食心虫

李小食心虫（*Grapholitha funebrana* Treitscheke）又名李小蠹蛾，是为害李果实的严重害虫，主要为害幼果和新梢。

为害特点│幼虫蛀果为害，蛀果前常在果面上吐丝结网，多从萼、梗洼处蛀入果实内部，果实早期受害易脱落，中后期受害时在蛀入孔流出泪滴状果胶，受害果内有大量虫粪，果逐渐变紫红色，提早落果或失去食用价值。新梢受害时多从上部叶柄基部蛀入髓部，向下蛀至木质化处便转移，蛀孔流胶并有虫粪，被害嫩梢渐枯萎，俗称"折梢"。

生活习性│该虫在南方一年发生2～3代，以老熟的幼虫在土中、杂草、树干翘皮下、裂缝、剪锯口处做茧越冬。李树花芽萌动期于土中越冬代幼虫开始破茧出土，上移至地表处1厘米处再结于地面垂直的茧，于内化蛹，在地表和皮缝内越冬者即在原茧内化蛹。成虫羽化后1～2天开始产卵，卵多散产于果面上，偶尔产在叶上。卵期4～7天，幼虫孵化后蛀入果中，在果内纵横串食，直达果心。

防治措施│①结合施基肥、冬季修剪，翻耕树盘土壤，仔细刮除树上的翘皮，可消灭越冬幼虫；在第1代幼虫发生期，人工摘除被害虫果和被害枝梢，集中烧毁。②化学防治。该虫防治的关键时期是各代成虫盛期和产卵盛期及第1代老熟幼虫入土期。在越冬幼虫出土前，每亩用15%毒死蜱颗粒剂2千克均匀地撒于树干下地面。幼虫初孵期，喷施5.7%甲维盐水分散粒剂（田神）5 000倍液，或28%虫螨腈·虫酰肼（雷行）1 000倍液，或30%桃小灵乳油2 000倍液进行防治，7～10天后再喷1次，也可喷施16 000 IU/毫克苏云金杆菌可湿性粉剂200倍液等生物农药进行防治。

3. 介壳虫

为害李树的介壳虫有桑白蚧（*Pseudaulacaspis pentagona* Targioni –Tozzetti）、褐软蚧（*Coccus hesperidum* Linnaeus）、扁平球坚蚧（*Parthenolecanium corni* Bouche）、朝鲜球坚蚧（*Didesmococcus koreanus* Borchsenius）等，其中，较为常见的是桑白蚧。

为害特点｜一般以雌成虫及若虫刺吸枝干汁液，导致树势衰弱，直至枝条枯死乃至全株枯死。偶有为害果实和叶片。

生活习性｜以桑白蚧为例，一年发生2～5代。在2代区，以受精雌成虫在枝条上越冬。翌年5月雌虫于壳下产卵，5月中下旬孵化出第1代若虫，群居在母体附近的枝干上吸取汁液并分泌白色蜡粉形成介壳。7月长成第1代成虫，并开始产卵，8月出现第2代若虫，9—10月出现第2代成虫，交尾后雄虫死去，留下受精雌虫越冬。

防治措施｜①注意保护利用天敌。应尽量避开天敌活动盛期用药。②人工刮除越冬虫体。可用硬毛刷或钢丝刷刷掉枝条上的越冬雌虫，结合修剪清园，疏除虫枝密枝集中烧毁。③化学防治。由于介壳虫成虫体外被有蜡质介壳，适时喷药尤为关键，抓住"若虫游走期"即从卵孵化盛期开始到2龄若虫固定分泌蜡质前的关键时期，用48%乐斯本乳油800倍液或5.7%甲维盐水分散粒剂5 000倍液喷施2～3次，每7～10天喷1次。

4. 尺蠖

为害李树的主要为春尺蠖（*Apocheima cinerarrius* Erschoff），主要为害叶片和新梢，属于暴食性昆虫。

为害特点｜为害新梢，取食叶片，繁殖力强，幼虫随着虫龄增长而食叶量急剧增大；抗药性强，暴发成灾。如防治不及时，会在1～2天内将整株树的叶片吃光，然后抽丝下垂借风力转到其他树上为害。